和田玉

鉴定与选购
从新手到行家

李新岭 马永旺 · 著

U0271448

文化发展出版社
Cultural Development Press

· 北京 ·

本书要点速查导读

01 了解和田玉的定义

新手

和田玉的基本特征 /011
什么是广义的和田玉 /018
什么是狭义的和田玉 /018
和田玉是怎样形成的 /020

02 熟悉和田玉的产地

和田玉八大重要产地 /023 ～ 037
各大产地和田玉的特点 /023 ～ 037

03 掌握和田玉的种类

和田玉的分类方式 /038、052
详解八大色系和田玉
特点 /038 ～ 051
子料、山流水料、山料、戈壁
料的特征 /052 ～ 055

04 熟悉和田玉的雕刻工艺

从和田玉原材料到成品的雕
刻工序 /056 ～ 060
和田玉雕刻的常用工艺有哪
些 /061 ～ 065
北派、扬派、海派和南派四大
玉雕流派的特征 /066 ～ 069
和田玉雕件纹饰寓意 /070 ～ 076

05 掌握和田玉的鉴定方法

简单易学的和田玉鉴定方法 /078 ～ 079
不同产地和田玉的鉴别方法 /080 ～ 085
和田玉子料的鉴别 /086 ～ 091
子料天然皮色的种类 /086
子料天然皮色的结构及厚度特征 /087
子料皮上的凹坑和汗毛孔辨认 /088 ～ 089
子料表面裂隙特征 /090
子料表皮的水草状浸染 /091
假子料的鉴别 /092 ～ 097

06 和田玉的优化处理方法

和田玉的浸蜡处理方法 /098
和田玉的染色处理方法 /098
和田玉的拼合处理方法 /099
和田玉的磨圆处理方法 /100
和田玉的做旧处理方法 /101

玉与和田玉的概念 /178 ～ 180
如何挑选购买和田玉 /181 ～ 182
和田玉的名字由来 /184
雕刻加工时子料是否留皮 /185 ～ 186
没皮的子料能鉴定吗 /187
和田玉是翡翠吗 /188

12 和田玉疑难解答

11 和田玉的收藏、
　投资与选购
初学者容易进入的和田玉
七大收藏误区 /154 ～ 158
初学者收藏和田玉要注意的四大方面 /159 ～ 160
分类收藏和田玉 /160 ～ 163
和田玉的投资 /164 ～ 165
和田玉成品的选购 /166 ～ 171

10 和田玉的淘宝地
新疆和田玉交易市场特点
与情况 /140 ～ 145
青海格尔木和田玉交易市场特点与情况 /146
河南南阳和田玉交易市场特点与情况 /147
北京和田玉交易市场特点与情况 /148 ～ 149
上海及其他地区和田玉交易市场特点与情况 /149 ～ 152

09 和田玉的市场
　行情分析
白玉子料 2011 年至 2014 年的
价值行情 /124 ～ 133
新疆和田玉（白玉）子料分
等定级及价值评定表 /134 ～ 137

08 评价和田玉的七大元素
和田玉的质地分级 /114
和田玉的颜色分级 /116 ～ 117
和田玉的光泽评价 /118
和田玉的块度评价 /118
和田玉的净度评价 /119
和田玉的透明度分级 /119
和田玉的工艺评价 /120 ～ 121

07 与和田玉相似玉石的辨别
和田玉与石英岩玉的鉴定方法 /102 ～ 103
和田玉与大理石玉的鉴定方法 /104 ～ 105
和田玉与蛇纹石玉的鉴定方法 /106
和田玉与独山玉的鉴定方法 /107 ～ 108
和田玉与玻璃的鉴定方法 /109
和田玉与玉髓的鉴定方法 /110 ～ 111
和田玉与相似玉石的特征比较 /112

行家

　　玉，自中华文明伊始，始终演绎着炎黄子孙的文明，是中华精神不可缺少的修养内涵，更是中华民族的道德脊梁，在中华文明发展演变过程中起着举足轻重的作用。

　　20世纪后半期的考古发掘材料证明，中国制造和使用玉器的历史源远流长。作为生产工具，玉器诞生之初，它曾作为生产工具使用过，如大汶口文化、良渚文化均出土过玉制的凿、斧等生产工具。作为祭器，在我国新石器时代中晚期，玉制祭器就占据了重要地位。这一祭祀制度为封建社会历代帝王所承袭。用玉祀神是玉器的重要作用之一。作为装饰品，目前已知最早使用玉器做装饰品的是距今7000~6800年的浙江余姚河姆渡遗址出土的璜、管、珠、坠等。汉代以后，特别是明清两代，玉器的装饰渐渐地成为其主要的社会功能。视为权力、等级、财富的标志，以玉器显示权力、等级的现象在华夏几千年的历史中一直扮演重要的角色，据《周礼》载："以玉作六瑞，以等邦国。王执镇圭，公执桓圭，侯执信圭，伯执躬圭，子执谷璧，男执蒲璧。"玉器还是一种财富的表现，《管子》这类古书也把"先王以珠玉为上币，黄金为中币，刀布为下币"作为定论来加以记载玉的财富价值。因而玉器受到历朝贵族统治阶层的重视；作为吉祥物，我国古代很早就视玉为祥瑞之物，主要是为了趋吉避凶，免祸保平安，反映了人类对美好生活的向往。由于玉被赋予了如此丰富的道德内涵，因此君子必须佩戴它。美好事物的代名词，以"玉"为美的修饰词在古代文献中比比皆是，如："玉洁冰清"、"玉容"、"玉貌"、"玉树临风"、"玉宇琼楼"等。

儒家学说中的"玉德说"，用玉来形容人的人格和品质，他们将玉人格化，称其具有仁、义、智、勇、洁等五德。东汉许慎的《说文解字》中记述："玉，石之美者，有五德，润泽以温，仁之方也；鰓理自外，可以知中，义为方也；其声舒扬，博以远闻，智之方也；不挠而折，勇之方也；锐廉而不忮，洁之方也。"所谓"君子比德与玉"，因此成为君子德行操守的化身和社会道德的象征物。玉是中华民族的瑰宝，像一颗明珠，祖先对玉质的认识经历了漫长的过程，人们逐渐认识了各种玉，有蛇纹石玉、独山玉、和田玉等。符合"五德"的为和田玉，其质地温润、刚韧兼备、声音清越等特征是其他玉石所不及的。

人们的物质生活满足了，精神生活当然也不能缺乏，而玉石恰恰迎合了这样一种心理。另外的一个原因恐怕就是真正上好的玉石越来越少，物以稀为贵。收藏界都有这样一种倾向：越是稀少的东西越值钱，收藏越有价值。

从皇宫到民间，想想形容玉的词语：洁白无瑕、瑕不掩瑜、冰清玉洁……全是美好的向往，自然将人们带入一种纯洁的境地。几千年来和田玉成为中华民族性格和精神的载体，是中国人民性格的体现。收藏和田玉其实是收藏一种文化，一种追求。

C O N T E N T S 目录

何谓和田玉 010
和田玉的基本特征 011
和田玉的概念 018
和田玉的形成 020

和田玉的产出 021
新疆 023
青海 026
辽宁岫岩 028
贵州罗甸 031
中国台湾 032
俄罗斯 033
韩国 035
加拿大 036
公拍开采 保护环境 037

和田玉的种类 038
按颜色分类 038
按产出环境分类 052

和田玉的雕刻 056
和田玉雕刻工序 056
和田玉雕刻常用工艺 061
玉石雕刻四大流派 066
和田玉雕件纹饰寓意 070

鉴定技巧

和田玉的基础鉴定方法 078
简单易学的和田玉鉴定方法 078
不同产地和田玉的鉴别 080
和田玉子料的鉴别 086
假子料的鉴别 092

和田玉的优化处理 098
浸蜡 098
染色 098
拼合 099
磨圆 100
做旧处理 101

和田玉与相似品种的鉴定 102
石英岩玉 102
大理石玉 104
蛇纹石玉 106
独山玉 107
玻璃 109
玉髓 110

和田玉的评价 113
质地 114
颜色 116
光泽 118
块度 118
净度 119
透明度 119
工艺 120

淘宝实战

和田玉的市场行情 124
新疆和田玉（白玉）子料分等定级及价值评定表 134

和田玉集散地和淘宝地 139
新疆 140
青海格尔木 146
河南南阳 147
北京 148
上海 149
江苏 150
安徽 151
广东 152

和田玉收藏、投资与选购 153
和田玉的收藏 154
和田玉的投资 164
和田玉成品的选购 166

和田玉淘宝实例 172
和田子料赌石风险大 172
行家买和田子料也有"失手"的时候 175

专家答疑

什么是玉？ 178
什么是和田玉？ 180
如何挑选购买和田玉？ 181
和田玉的产地都有哪些？ 183
和田玉的名字由来？ 184
雕刻加工时子料皮子留还是不留？ 185
没皮的子料能鉴定吗？ 187
和田玉是翡翠吗？ 188

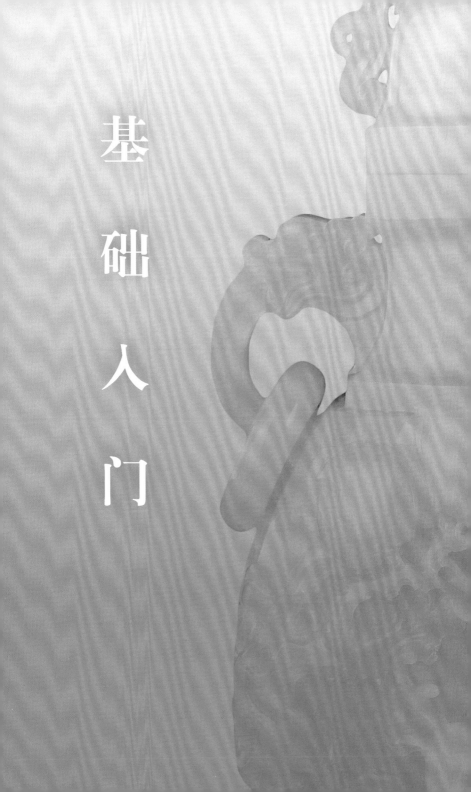

基础入门

何谓和田玉

在中国，天然珠宝玉石分为天然宝石、天然玉石、天然有机宝石三类。天然宝石是指由自然界产出，具有美观、耐久、稀少性，可加工成饰品的矿物的单晶体（可含双晶），其透明、颜色鲜艳、光泽灿烂。天然玉石是指由自然界产出，具有美观、耐久、稀少性和工艺价值的矿物集合体，少数为非晶质体，其质地细腻，光泽好，颜色美丽，主要用于制作玉器。天然有机宝石是由自然界生物生成，部分或全部由有机物组成，可用于首饰及饰品的材料。

"玉，石之美者"是人类从旧石器时代进入新时期时代在制作细腻坚硬、色彩美丽的石制劳动工具的过程中所形成的观念。现代玉石是一个大范畴，涵盖了外观美丽、结构致密、具坚硬特征各类矿物集合体，如和田玉（软玉）、翡翠、岫玉、玉髓、独山玉等，都是这个范畴里的玉。现在从主要组成矿物成分来分类命名，区别种属，避免了古人很多以颜色来命名多种玉石的含混不确定性。根据国家标准GB/T16552《珠宝玉石名称》规定："天然玉石由自然界产出的，具有美观、耐久、稀少性和工艺价值的矿物集合体，少数为非晶质体。"

和田玉在矿物学中被称为软玉，是指细小的透闪石矿物晶体呈纤维状交织在一起构成致密状集合体。中国新疆和田是软玉的重要产地，这里所产的软玉质量最好，玉质最温润，因此有的地质学家称软玉为中国玉，又叫"和田玉"。

❖ 和田玉的基本特征

《系统宝石学》第二版详述了和田玉（软玉）的基本性质。

矿物组成

和田玉主要是由角闪石族中透闪石－阳起石类质同象系列矿物所组成，其化学通式为$Ca_2(Mg,Fe)_5Si_8O_{22}(OH)_2$，其中Mg、Fe间可呈完全类质同象代替。根据国际矿物协会新矿物及矿物命名委员会批准角闪石族分会推荐的尼克（B.E.Leake）的"角闪石族命名方案"，透闪石与阳起石的划分按照单位分子中镁和铁的占位比率不同予以命名，即：

$Mg/(Mg+Fe^{2+})=0.90\sim1.00$ 　透闪石

$Mg/(Mg+Fe^{2+})=0.50\sim0.90$ 　阳起石

$Mg/(Mg+Fe^{2+})=0.00\sim0.50$ 　铁阳起石

和田玉的主要矿物为透闪石、阳起石，可含透辉石、滑石、蛇纹石、绿泥石、绿帘石、斜黝帘石、镁橄榄石、粗晶状透闪石、白云石、石英、黄铁矿等。

化学成分

透闪石－铁阳起石类质同象系列的成分为$Ca_2Mg_5Si_8O_{22}(OH)_2$－$Ca_2Fe_5Si_8O_{22}(OH)_2$，在多数情况下和田玉是这两种端元组分的中间产物。

晶系及结晶习性

和田玉主要组成矿物为透闪石和阳起石，都属单斜晶系。这两种矿物的常见晶形为长柱状、纤维状、叶片状。和田玉是这些纤维状矿物的集合体。

结构

和田玉的矿物颗粒细小，结构致密均匀，所以和田玉质地细腻、润泽且具有高的韧性。依据和田玉矿物颗粒的大小、形态及颗粒结合方式，将和田玉的结构分为下述六种。

毛毡状隐晶质变晶结构

显微片状隐晶变晶结构

显微片状变晶结构

毛毡状交织结构（显微隐晶质结构）：透闪石、阳起石矿物颗粒非常细小，在偏光显微镜下无法分清其轮廓，犹如毛毡状交织在一起，均匀无定向，密集分布，是和田玉一种主要结构。

显微叶片变晶结构：在偏光显微镜下，矿物颗粒呈片状，大致定向分布，是和田玉中一种常见的结构。

显微纤维变晶结构：在偏光显微镜下，矿物多呈纤维状，定向分布。

显微纤维状隐晶质结构：在偏光显微镜下，由纤维状矿物和显微隐晶质的矿物所组成。

显微片状隐晶质结构：由片状和显微隐晶质矿物所组成。

显微放射状或帚状结构：矿物呈放射状或帚状分布。

放射状或带状变晶结构

残缕结构

光学性质

颜色：和田玉的颜色非常丰富，有白色、青色、灰色、浅至深绿色、黄色至褐色、墨色等。当和田玉的主要组成矿物为白色透闪石时，和田玉则呈白色。由于和田玉的化学成分中含有Mg，随着Fe对透闪石分子中Mg的类质同象替代，和田玉可呈深浅不同的绿色，Fe含量越高，和田玉呈现出的绿色越深。当和田玉中的透闪石含细微石墨时则成为墨玉。

白玉的颜色

青白玉的颜色

青玉的颜色

光泽：是玉石对光的反射能力，由于各种玉石的质地不同，硬度不同，以及对光的吸收、反射的程度不同，所表现的光泽也不同。和田玉可呈油脂光泽、蜡状光泽或玻璃光泽。油脂光泽很柔和，不强不弱，让人看着舒服，摸着润美。一般来说，玉的质地纯，光泽就好；杂质多，光泽就弱。一般光泽油润者价值较高，光泽干涩者价值就会降低。

1 羊脂白玉牌（油脂光泽）
2 墨玉瑞兽摆件（蜡状光泽）
3 白玉壶（玻璃光泽）

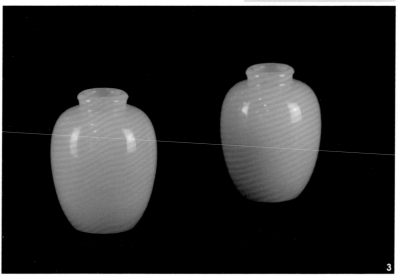

透明度：是指透过光线强弱的表现。和田玉为半透明至不透明，绝大多数为微透明，极少数为半透明。影响透明度有三个因素，一是光线的强弱，二是玉石的厚度，三是玉石对光线吸收强弱。

折射率：和田玉的折射率为1.606～1.632（+0.009，−0.006），由于属矿物集合体物质，因而很少能同时读到两个数值，通常用点测法在折射仪的1.60～1.61处可见到一模糊的阴影边界。

光性特征：非均质集合体。

多色性：无。

吸收光谱：和田玉极少见吸收线，可在500纳米、498纳米和460纳米有模糊的吸收线或吸收带；在509纳米有一条吸收线；某些和田玉在689纳米有双吸收线。

发光性：紫外线下软玉为荧光惰性，一般不发光。

力学性质

密度：一般为2.95(+0.15，−0.05)克/厘米^3。

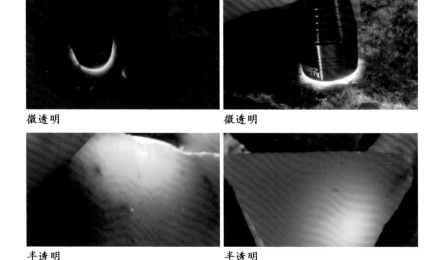

微透明

微透明

半透明

半透明

硬度：硬度是指抵抗外界压入、刻划、研磨的能力。硬度是鉴别和田玉的重要标志之一。硬度是玉石质量重要标准之一，硬度大，则玉器抛光性好，亮度好，且能长期保存。和田玉的摩氏硬度为6.0~6.5，因结构的不同会有一定变化，一般说同一产地青玉硬度稍大于白玉。工艺界以往在划分低、高档玉中，硬度是一个重要指标，一般说来，高档玉硬度较大，低档玉硬度较小。玻璃的摩氏硬度为5~5.6，和田玉刻划玻璃会留下明显的划痕，而和田玉却丝毫不会被划伤，这也是鉴别和田玉的一个重要特征。

韧度：是物体抗磨损、抗拉伸、抗压入等的能力，也可叫作抗破裂的能力。所谓韧度高，即表示物体难于破裂、耐磨这一物理指标。目前，世界上所有宝石中，和田玉的韧度极高，仅次于黑金刚石，是常见宝玉石品种中韧度最高的。和田玉有如此大的韧度与其特有的毛毡状结构是分不开的。

解理、断口：透闪石具有两组完全解理，由于和田玉是矿物集合体，因而整体不见解理面。断口为参差状。

放大检查

可见毛毡状结构，黑色固体包体。

特殊光学效应

碧玉中可见猫眼效应。

青玉提梁壶 ▶

此壶为中国玉石雕刻大师樊军民作品，获2010年第九届中国玉雕石雕天工奖金奖。此壶为和田玉（青玉）质，细腻油润，色泽沉稳均一，提梁两端饰以兽面纹，规整大气。提梁与壶身以轴相连接，提梁活动自如，制作工艺颇为精妙。壶盖与壶身取材于一块大料，却严丝合缝，足见切料打磨之功力。壶身以弧面示人，打磨精光，将青玉质之细腻润美完美地展现出来了。作品造型独特，是一件融古典与现代于一体的创新之作。在玉雕器皿制作中，方形器皿的掏膛工作要求较高，难度也较大，而此壶掏膛厚薄均一，足见玉雕工艺之精绝。

❖ 和田玉的概念

和田玉的概念有广义和狭义之分。

广义和田玉概念

以透闪石、阳起石为主要矿物的玉石，包括中国（新疆、青海、辽宁）、俄罗斯、加拿大、罗马尼亚、韩国产出的透闪石类玉石，以及其他各个地方产的透闪石类玉石；因为国家标准是根据矿物成分鉴定命名，而不是分析鉴定出产地；国家标准GB/T16552-2010《珠宝玉石名称》4.1.1.2.C中规定"带有地名的天然玉石基本名称，不具有产地含义"；在新疆维吾尔自治区地方标准DB65/035-2010《和田玉》4.2.2中规定"和田玉作为一种天然玉石的名称，不具有产地含义"，对此透闪石类玉石鉴定机构均可出具和田玉的证书。

狭义和田玉概念

狭义和田玉应该是产自塔里木盆地之南的昆仑山，西起喀什地区塔什库尔干县之东的安大力塔格及阿拉孜山，中经和田地区南部的桑株塔格、铁克里克塔格、柳什塔格，东至且末县南阿尔金山北翼的肃拉穆宁塔格，这个地理区域内产出的和田玉才是行家及藏家认可的和田玉。

和田玉温润缜密、莹透纯净、洁白无瑕、状如凝脂，因最早产于新疆和田地区玉龙喀什河、卡拉喀什河，以及和田地区一带的昆仑山脉出产的山料、山流水之中，故得此名。

薄胎青玉器皿（一组）

此组器皿采用一块和田玉（青玉）材料，使用薄胎工艺制作而成，玉质细腻油润，颜色均一，厚重沉稳，线条优美流畅，器皿各部位比例适当，掏膛均匀，厚薄一致，表面饰以缠枝如意纹、仰莲纹，以及雕刻具有吉祥寓意的文字，造型独特，是古典与现代美的完美结合。

✿ 和田玉的形成

新疆和田玉被称为世界软玉之首。中国人认为玉是通人性的，所以有"通灵宝玉"之说。和田玉是如何形成的呢，这是很多朋友想了解的。

和田玉产生的地质条件非常独特，形成于2亿多年前的古生代晚期，主要产于中酸性岩浆岩与镁质大理岩（白云石大理岩）侵蚀交代而形成的，矿物成分为含水的钙镁硅酸岩。矿床成因类型分为内生矿床和外生矿床两大类，内生矿床为接触交代矿床，所生成的玉料为山料。外生矿床又可分为坡积型、冲洪积型、冰积型，所生成的玉料为山流水料及子料。

和田玉形成需要经过如下几个重要时期。

1.白云岩沉积阶段（中元古代晚期），今天的昆仑山脉北曾是一片浅海地带，大量含镁质（白云岩）的碳酸盐不断沉积。

2.白云岩区域变质阶段（元古代末期震旦纪），地壳的褶皱断裂活动形成了塔里木大陆，区域变质作用使白云岩变质为白云石大理岩。

3.白云岩交代蚀变阶段（古生代晚期的石炭纪晚期至二叠纪晚期），由于"海西运动"陆地出现强烈的断裂活动和岩浆活动，沿断裂带中酸性侵入岩侵入白云石大理岩，形成透辉石化、镁橄榄石化和透闪石化蚀变。

4.和田玉形成阶段（海西运动晚期），侵入体派生中酸性岩脉侵入白云石大理岩蚀变带时发生接触交代作用，和田玉最终形成。

玉龙喀什河上游子料矿区

这是和田玉的总体成矿条件，而不同产地、不同颜色、不同玉质的和田玉成矿条件又是各有差异的。在下一节"和田玉的产出"中另有介绍。

于田县赛迪库拉姆矿区

和田玉的产出

中国古籍中把昆仑山称为"群玉之山"或"万山之祖"。《千字文》中也有"金生丽水，玉出昆冈"之说。市场上销售的和田玉主要产地来源有中国（主要包括新疆、青海、辽宁）、俄罗斯、韩国、加拿大、新西兰等国家。但是出产广义和田玉的国家和地区在全世界很多，除了前面提到的产地，中国还有四川、江西、西藏等地；国外的产地有日本、缅甸、苏联乌拉尔塔苏河软玉矿床、德国哈茨软玉矿床、法国伊泽尔河软玉矿床、美国阿拉斯加科布克河软玉矿床、意大利平宁山软玉矿区、芬兰乌兴玛卡及巴克拉软玉矿区、波兰西里西亚约旦木耳及赖兴把赫软玉矿区、澳大利亚科伟尔软玉矿床、新西兰纳尔逊软玉矿床、巴西巴伊亚州软玉矿区等几十个矿床。

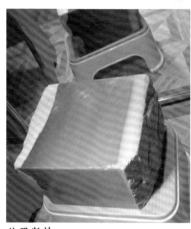

俄罗斯料

新疆碧玉山料

青海料

碧玉壶、杯、盘（一套）

产地在确定和田玉的价值时起着非常重要的作用，对优质的玉料尤其重要，如不同产地的羊脂白玉，其价值不同。目前各地所产和田玉在矿物成分、结构构造、物理性质等特征上基本相同，仪器测试分析几乎也没有差别。只是由于矿物结晶颗粒粗细以及不同产地的和田玉中所含微量元素组成不同，在某些感官特性方面，如颜色、透明度、质地等存在某些细微的差异。而不同产地的原料价格存在很大的差别。一般来说，在质地、颜色、块度等条件都相似的情况下，和田玉的市场价格高低依次为新疆料、俄罗斯料、青海料。

❖ 新疆

新疆产和田玉分布于塔里木盆地以南的昆仑山-阿尔金山地区。其产出矿区有：若羌-且末矿区；和田-于田矿区；莎车-塔什库尔干矿区；天山矿区；阿尔金山矿区。新

玉龙喀什河上游开采子料

疆和田玉目前有两个著名的产玉之源：一个是从新疆于田县向南，进入昆仑山脉，那里有一个著名的阿拉玛斯矿区，海拔4500余米，现在最著名的和田白玉山料就产于此。另一个是由和田市往南，沿白玉河溯源而上，那里就是盛产历史悠久的子玉、山流水料的源头。新疆塔里木河流域的多条河流均产出和田玉子料，如：流经且末县的车尔臣河、于田县的克里雅河、叶城县的叶尔羌河等，但以流经和出地区和田河的两条支流玉龙喀什河和卡拉喀什河产出的子料最出名。当地人也把可以拣到白玉子料的河玉龙喀什河叫作白玉河，把可以拣到墨玉子料的河流喀拉喀什河叫作墨玉河。白玉子料的产出主要集中在玉龙喀什河的上-中游一带，玉石大多产出在河床或者河流冲积扇的沙砾石层中。

新疆有着丰富的和田玉矿产资源，现已知的原生和田玉矿床及矿点包括三个地区。

1. 西部铁克里克塔格古陆缘地块分为三个矿化地段：大同地段、密尔岱地段、库浪那古地段。矿化带断续出露长约70千米，每个矿床矿化带一般宽3～5米，矿脉厚0.1～0.6米，矿化带最长100多米，单矿脉长1.4～1.8米，按东西向每隔2千米就有一个和田玉矿点推算，在70千米长度范围内有35个和田玉矿点，每个和田玉矿点平均按1000吨计算，则该区和田玉资源约为3.5万吨。

2. 中部公格尔-柳什塔格中间地块位于西昆仑山的高山轴部，包

括桑株塔格、卡兰古塔格及柳什塔格的一部分。矿化地带有塞图拉地段、铁日克地段、阿格居改地段、奥米沙地段、哈奴约地段、阿拉玛斯地段、依格浪古地段。矿化带断续出露长约450千米，有的矿脉长10～50米，厚0.3～0.8米，有的矿脉长20～200米，宽0.3～1.5米，和田地区山料资源量估算情况，按东西向每隔2千米就有一个和田玉矿点推算，在450千米长度范围内有225个和田玉矿点，每个和田玉矿点平

和田玉山料

和田白玉子料一鸣惊人挂件

和田青玉鳄鱼摆件

和田羊脂白玉竹节壶

均按500吨计算，则该区和田玉资源量约为11.25万吨。

3. 东部阿尔金古陵缘地块矿化地带有塔特勒克苏地段、塔什赛因地段。矿化带断续出露长220千米，估计和田玉矿点110个，每个矿点和田玉资源量按500吨计算，则该区资源量约为5.5万吨。

新疆出产的和田玉形式较丰富，山料、子料、山流水、戈壁料均有，矿物组成以透闪石－阳起石为主，透闪石含量为95%～99%，并含微量透辉石、蛇纹石、石墨、磁铁等矿物质，比重约为3克/厘米^{3}左右，摩氏硬度为6～6.5，内部结构为纤维状晶体、颗粒较细、较短，排列致密。产出的和田玉颜色为白色、青绿色、黑色、黄色等不同色泽，但是多数为单色玉，少数有杂色。

❖ 青海

青海白夹翠玉

青海翠青玉

青海糖玉

青海产和田玉是20世纪90年代初在柴达木盆地西北边缘，青海格尔木昆仑山三岔口附近开始采掘的。至今在青海省格尔木市西南、青藏公路沿线一百余千米处的高原丘陵地区，已开采的矿点大约有三处，其中两处主要出产白玉。当地海拔高度虽高但相对高度差不大，交通较为便利，所以青海和田玉在1994年开始开采，2003年开始逐步进入市场，2009年前后达到高峰，年产量最高时超过2000吨。

青海和田玉矿床交通便利，离公路非常近。那什台玉石矿离青藏公路不到10千米，与河的高差仅几百米。该地产出的玉料以矿采山料为主，少量山流水（戈壁）料，未见子料。产出地段属昆仑山脉东缘入青海省部分，西距新疆若羌境约300余千米，与且末、若羌等地产出的和田玉在地质构造背景上有着密切的联系。

青海产和田玉结构为纤维变晶结构、毛毡状结构、半自形中粒镶嵌结构及残晶结构，结构较松散，脆性大，透明度高，油性差，光泽不及新疆产和田玉的油脂光泽强，且摩氏硬度较新疆料略低，一般为5～6，比重一般也在2.9克/厘米^{3}左右，抛光不好的成品表面有毛玻璃感觉。结构里常见有比玉石结构更为透明的玉筋（俗称水线），细小松散的点状、絮状物是它的典型特点；玉料除白色系列外，还有青白、青、绿（翠青）、黄、糖、紫（烟青）色等多种颜色，这是青海产和田玉的一大特点。

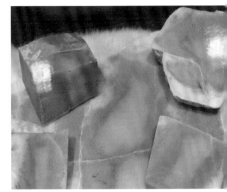

青海糖包白

青海料手镯

❖ 辽宁岫岩

　　辽宁岫岩和田玉，又叫河磨玉，原生矿床产于岫岩县细玉沟沟头的山顶上，矿体赋存于元古宙辽河群大石桥组三段的透闪石白云质大理岩中的构造破碎带间，严格受地层层位和构造的控制。矿体形态呈不规则似层状和透镜状产出，矿体与围岩的界限清楚。矿体周围岩石普遍遭受热液蚀变，围岩蚀变类型有蛇纹石化、滑石化、透闪石化、阳起石化、绿泥石化和碳酸盐化。蚀变带具有一定的宽度(0.5～2米)，无明显分带现象。

　　根据地质产状不同，岫岩和田玉可分为原生矿和砂矿两大类，砂矿又可细分为坡积矿和冲积矿两类。据此，岫岩和田玉可分为山料（老玉）、河料（河磨玉）、山流水料三个品种。岫岩和田玉是一种由微晶透闪石(少量阳起石)集合体组成的单矿物岩石，含很少量的杂质矿物（如蛇纹石和透辉石等），主要矿物成分是透闪石，其含量达95%以上。

岫岩和田玉原料
此原料呈青色，皮较厚。

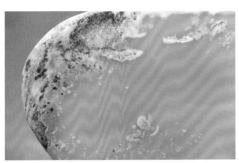

岫岩和田玉原料

此原料呈绿黄色，上面的礓斑较多。

岫岩的和田玉有多种颜色，由浅至深可以分成白色系列、黄白系列、绿色系列和黑色系列。白色系列为白色、乳白色；黄白系列包括浅黄白、黄白、深黄白、浅白黄、白黄色；绿色系列包括浅绿黄、绿黄、深绿黄、浅绿、黄绿、深黄绿、绿、灰绿、深灰绿、墨绿色；黑色系列包括绿黑、灰黑、黑色。根据上述颜色系列，岫岩软玉可以分为白玉、黄白玉、绿玉和墨玉四个基本颜色类型。

岫岩和田玉手串

手串上的黄褐色斑点很像古玉受沁后的颜色。

岫岩和田玉仿古玉炉

此玉炉选取上等的岫岩玉材质，仿明代宣德炉造型，形制规整，膛壁匀称，腹部雕刻兽面纹，线条流畅，工艺精湛。

岫岩和田玉嫦娥奔月把件

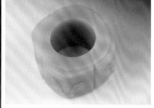

岫岩和田玉仿古玉琮

玉琮是古代人们用于祭祀神祇的一种礼器。玉琮呈内圆外方筒形，以浅浮雕结合细线刻雕琢兽面纹，线条流畅，打磨精细。

辽宁岫岩河磨玉属溪坑子玉，内部云絮状纹理粗且杂乱，颜色大都以青色或青黄色为主且夹带石性很重的礓斑和皮，经常出现皮夹肉、肉夹皮的情况。因其颜色浓郁，青色以青黄色或青色为基调，很像出土古玉中未受沁的本色玉。混色以咖啡、土黄、褐土黄颜色为基调，很像出土古玉受土沁的颜色。而杂色礓斑不透明，且以褐土黄、褐色基调为主，很像出土古玉先受石灰沁再受其他沁的感觉，所以河磨玉多用于制作仿古件。

❖ 贵州罗甸

贵州产和田玉是近两年内新出现在和田玉交易市场上的和田玉品种，产地是贵州省罗甸县红水河镇关固村，所见的品种以白色品种为主，其感官鉴定特点为：颜色略带蓝色调，内部结构较为细腻、均匀，但呈微透明–不透明状，硬度较低，密度略低。它的内部结构也为纤维交织结构，其化学成分也由角闪石族透闪石–阳起石类质同象系列的矿物所组成，经检测玉石化学成分70%左右是透闪石，这与和田玉的化学成分差不多，但目前发现的这种玉石多数物理感官与和田玉相差较大。贵州发现的玉，结构虽然细腻，但多数料发闷，有点儿僵，缺少油脂光泽，略显呆滞，缺乏灵气，类似瓷器。

1 贵州罗甸和田玉寿桃吊坠
2 贵州罗甸和田玉一鸣惊人坠
3 贵州罗甸和田玉碗

❖ 中国台湾

台湾和田玉于1961年在花莲县丰田石棉矿区内发现，1965年正式生产，1986年停采。台湾产和田玉分布于花莲县丰田地区的软玉成矿带内，南起赤坎溪，北至白鲍溪，长约10千米，宽约3千米，成分由透闪石组成，伴有少量蛇纹石、钙铝榴石、黄铜矿、铬铁矿、铬铁尖晶石、磁铁矿、绿泥石等杂质矿物，摩氏硬度为6.5左右，玻璃-蜡状光泽，光泽柔和滋润，韧性大，参差状断口，密度为2.96～3.05克/厘米^3，多呈草绿色、浅深黄色、淡黄色、暗绿色。集合体常呈纤维柱状、致密块状、板柱状及片状，台湾产和田玉中具有猫眼效应的透闪石细脉，使其独具特点。

台湾和田玉（碧玉）戒指

台湾和田玉（碧玉）戒指呈草绿色，油润度较好，以整块料琢制，琢磨光滑细致。

❖ 俄罗斯

　　俄料大概是在20世纪90年代初期开始大量出现在玉石市场，主要矿物成分为透闪石，杂质较少。俄料的产地较多，在国内市场上所见到的俄料产于俄罗斯布里亚特自治共和国首府乌兰乌德所属的达克西姆和巴格达林，邻近贝加尔湖地区，主要出产以白玉、碧玉、青玉为主，有少量黄玉。从这几年的市场情况看，碧玉产量远远大于白玉，其中白玉质量远远超过其他产地的和田玉，但稍微发干。俄料中所含透闪石晶体颗粒的粒度较新疆料稍粗、中粗粒变斑晶结构及碎裂结构，在构造裂隙中还充填有其他矿物，所以俄料不好打磨加工，大多情况下反光有斑斑驳驳的感觉，这是贝加尔湖地区所产和田玉中较为特殊的结构。

俄罗斯碧玉原料

俄料及和田料虽然同属喀喇昆仑山系矿脉产出的透闪石玉系列，但在结构和物性上两者略有区别。俄罗斯白玉矿体呈透镜状、脉状、似层状、团块状等，产出于酸性岩浆岩与白云质大理岩的接触带中，在它的横剖面上，可见明显的分带现象，由边缘到中心，颜色依次为褐色、棕黄色、黄色、青色、青白色、白色，矿物颗粒也同样从边缘到中心由粗变细。

俄罗斯碧玉吊坠

俄料以山料为主，它不如青海料透明度高，也不如新疆料油润。俄料的玉质较为纯正，常见颜色有白色、黄色、褐色、棕色、青色、青白色等，常常是多种颜色在一块玉雕件之中。俄料也有子料出现，俄子料的白色氧化皮较厚，皮下的糖色多呈黑褐色，颜色较深，与白色界限也较清晰。俄罗斯白玉的矿体由于受挤压构造运动的影响，含Fe^{3+}（三价铁离子）的溶液沿解理缝或裂隙渗滤，形成了颇具个性的棕色、褐色糖玉品种。

俄罗斯料（山料）

俄罗斯白玉原料

❖ 韩国

　　市场上的韩料，顾名思义来自韩国，是一种产于朝鲜半岛南部春川地区的一种软玉，又称作韩国玉、南韩玉。目前出现的韩料均为山料，还没有听说过子料。韩料并非新玉料，韩料老坑逐步采完，目前出现的韩料好像是新发现的矿坑。韩料的矿物组成结构和微量成分与和田玉基本相似，都是以透闪石为主的矿物，其摩氏硬度5.5左右，致密度也微小于新疆产和田玉，故而用手掭分量稍轻。韩料多显青黄色和淡淡的棕色，透明度小于青海料，白度也不如俄料，做大件和磨珠子是不错的玉料。

韩国玉雕件

韩国玉原料

韩国玉原料

❖ 加拿大

　　加拿大拥有目前世界上最大的已探明的和田玉（碧玉）储藏量，其三个主要的玉矿发现于20世纪70年代初，主要分布在不列颠哥伦比亚省和育空地区，产量从1970年到2007年平均为每年200～300吨。加拿大和田玉（碧玉）产地主要是在加拿大的温哥华以北的高山上，摩氏硬度约为6.5，是软玉的一种，具有产量大、质地均一、块度大、颜色鲜艳等特点。由于都是山料，加拿大和田玉（碧玉）的产出体量很大，每块有4～5吨。

　　加拿大和田玉（碧玉）主要是由透闪石和阳起石类矿物组成，其化学组成、硬度、折光率、强度等物理性质与和田碧玉相同，加拿大和田玉（碧玉）因含有阳起石所以含铁量比较高，通常在2%以上。由于发现玉石的周边山脉铁矿含量比较大，以至于加拿大和田玉（碧玉）总是呈现出自然绿色，还没有发现白玉，只有碧玉矿藏。

加拿大碧玉雕件
加拿大碧玉玉质相对比较干净和细腻，颜色艳丽，采用简单流畅的线条雕琢，并尽量保持原石原貌，以体现加拿大碧玉特有的自然之美。

加拿大和田玉（碧玉）中的顶级品"北极玉"的质地最为上乘，是出产在北极圈内的一种碧玉，其质地细腻，光洁润泽，碧绿滴翠，是碧玉中的奇葩。在加拿大出产的碧玉中，只有不到1%为北极玉。

新西兰碧玉雕件

以上介绍了目前在国内市场上常见的不同产地的和田玉，除了这些产地以外，在江苏溧阳市平桥乡小梅岭、四川省汶川县龙溪乡；国外的澳大利亚、美国加州、新西兰等地也产出和田玉，因这些类型在市场中所占比例极少，在这里就不一一介绍了。

❖ 公拍开采，保护环境

为了保护环境，各国各地区政府出台了对一部分开采地进行公拍开采措施。这样做的目的首先是，玉石是当地百姓家门口的资源，应该造福于当地百姓；其次，玉石是必须开采资源，越限制越可能导致违法开采，造成更大的资源破坏，所以要有意识地加以疏导，公拍开采则是有效手段之一。当然，玉石资源是不能再生的，随着近年来的各种开采，越来越少是肯定的。

这样珍奇的人间瑰宝，随着采集的艰难与稀少。对于收藏者来讲，得之一玉，束之高阁，作为欣赏与财富的积累，或留传后代或保值升值。然而，对于和田玉这一大的玉种，玉料完整无缺者不可说无，但终究寥寥，古人云"玉不琢，不成器"，这就需要我们把稀少的、有限的资源，充分合理地运用起来，增加其艺术含量和文化品位，避免和防止急功近利的市俗商品化倾向，使其艺术价值和经济价值得到充分的发挥，以免造成资源的浪费和破坏。

和田玉的种类

和田玉的种类主要根据颜色和产出环境等来进行分类。

❖ 按颜色分类

中国自古以来对和田玉的颜色非常重视，已经是质量的重要标志之一，不同颜色的玉，质量也不尽相同。和田玉的主要矿物为透闪石，另外含少量的次要矿物成分，正因为有少量的次要矿物存在，所以和田玉会出现不同的颜色。和田玉按颜色不同，大致可分为白玉、青白玉、青玉、碧玉、墨玉、糖玉六类。新疆的地方标准里又增加了羊脂白玉和黄玉的分类。

羊脂白玉双螭杯

白玉

和田玉以白为贵，而且在世界各地的软玉中白玉是极为珍贵的。含透闪石95%以上、颜色洁白、质地纯净、细腻、光泽润泽，为和田玉中的优良品种，主要产地在新疆、青海、俄罗斯。

羊脂白玉是白玉中的上品，因其颜色如羊尾的脂肪一样洁白，故而得名羊脂白玉。羊脂白玉质地纯洁细腻，含透闪石达99%，色白、呈凝脂般含蓄光泽、同等重量玉材，其经济价值几倍于白玉。

白玉主要矿物透闪石就是钙镁的硅酸盐，纯净的透闪石是无色或白色的，但是在其成矿过程中残留了过多的碳酸钙，就会成为"透闪石化大理岩"了。当玉质中含有少量其他矿物成分，就形成了白度差点儿的白玉，或者青白玉。

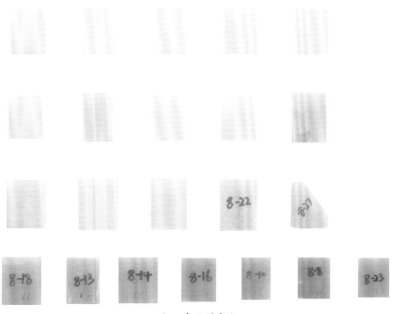

白—青玉的颜色

羊脂白玉观音坠

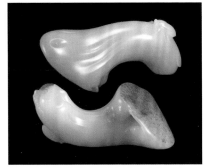

白玉蘑菇

羊脂白玉把件

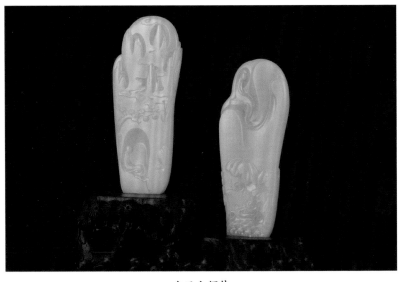

白玉小摆件

青白玉

青白玉是以白色为基调，白中泛淡淡的青绿色，属于白玉和青玉的过渡品种，在玉雕饰品中占有重要的地位。质地与白玉无显著差别，经济价值略次于白玉，主要产地在中国（新疆、青海、辽宁）、俄罗斯、韩国。

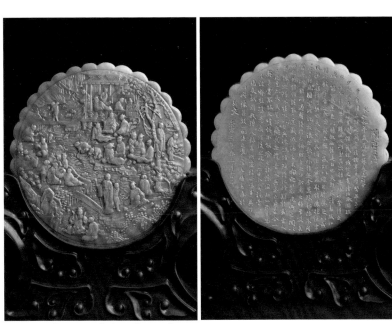

丁安徽·青白玉兰亭序摆件（淡青色）

青白玉大象摆件

青白玉炉

青玉

青玉的矿物含量主要为透闪石、阳起石和微量铁质。和田玉是地壳中酸性岩浆侵入白云质大理岩的裂隙中接触交代形成的。一般青玉矿床都是一色的青玉。青玉中阳起石含量较高，但比较致密、细腻。

但是新疆于田阿勒玛斯玉矿具有独特的有序分布，青玉与白玉同生于一个矿脉，靠近岩浆岩与大理岩接触带的为青玉，远离岩浆岩与大理岩接触带的玉矿，随着FeO（氧化亚铁）含量的减少，依次过渡为青白玉和白玉。青海、韩国玉矿都未见分带现象。

青玉的颜色种类很多，有淡青、青绿、深青、碧青、灰青、竹叶青、灰白等，颜色匀净、质地细腻、呈油脂状光泽，储量丰富。青玉中常见大块者，因此常被雕琢成大的摆件，特别是大型的山水玉雕，具有很高的观赏价值和艺术价值。青玉的主要产地在中国（新疆、青海、辽宁）、俄罗斯、韩国。

1 青玉葫芦把件（青绿色）

2 青玉飞黄腾达挂件（碧青色）

3 青玉瓶（黑青色）

青玉料（灰青色）

青玉斧摆件（浅青色）

青玉瓶（深青色）

此青玉瓶为中国玉石雕刻大师樊军民作品，2012年获第十一届中国玉雕石雕天工奖银奖。此瓶质地细腻温润，色匀且浓，造型秀雅端庄，线条简洁流畅，古朴素雅。

黄玉

黄玉十分罕见，在几千年采玉史上，偶尔得以见到，质优者不次于羊脂玉。黄玉的矿物成分和青玉差不多，也是以透闪石为主，只不过是各个元素在玉石当中的含量不一样罢了。在漫长的成矿过程中，微量铁盐蚀变透闪石岩形成，使得玉质变黄，黄色的主要来源是由于铁离子的存在，所以黄玉的致色元素以Fe^{3+}（三价铁离子）为主。

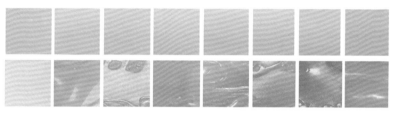

黄玉的颜色

浅至中等不同的黄色调品种，经常为绿黄色、粟黄色，带有灰、绿等色调。

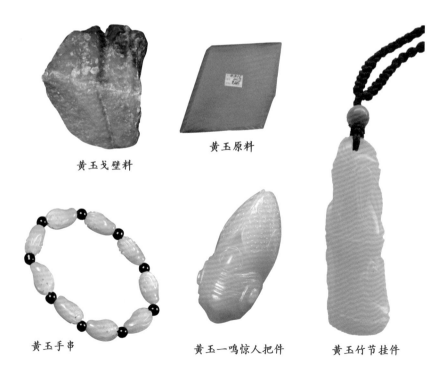

黄玉戈壁料

黄玉原料

黄玉手串

黄玉一鸣惊人把件

黄玉竹节挂件

黄玉链条瓶

黄玉质地，温润细腻。瓶身造型大气，胎体轻薄，颈
饰象首衔活环耳，腹部渐收，腹部光素无纹。链上雕
刻双龙纹，链雕工艺精细。

碧玉

　　碧玉主要矿物成分是透闪石和阳起石，另外还含有少量二氧化硅、铁、铜、石墨等矿物成分。碧玉的矿床属于超基性岩蚀变的超镁铁岩型，即其为超基性岩蚀变而成。碧玉呈现翠绿色是因含有致色元素——铬，但是杂质元素铁的含量多少又可导致碧玉呈现深浅、色调不同的绿色，常见的有灰绿色、褐绿色、深绿色、墨绿色。碧玉以颜色纯正无杂质的绿色为上品。碧玉的产地有中国（新疆、青海、台湾）、加拿大、新西兰、俄罗斯。

碧玉原料

碧玉螭纹瓶（一对）

碧玉塘趣洗（深绿色）

碧玉白菜摆件（褐绿色）

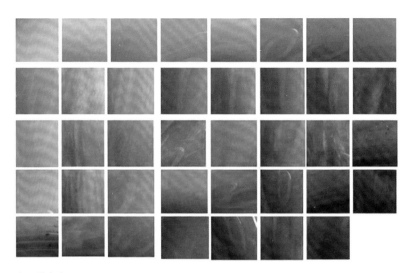

碧玉的颜色

青绿、暗绿、墨绿色、黑绿色的碧玉品种。碧玉即使接近黑色，其薄片在强光下仍是深绿色。

1 碧玉奖杯
（绿色较纯）

2 碧玉飞黄腾达摆
件（灰绿色）

墨玉

墨玉因其在形成过程中，玉质中带了大量的石墨所导致，最终表现出黑色的特点，所以墨玉是杂质致色。

墨玉由墨色到淡黑色，其墨色多为云雾状、条带状等，一般有聚墨、片墨、点墨之分。透闪石中夹石墨成分即呈黑色，墨玉多为灰白或灰墨色玉中夹黑色斑纹，黑色斑浓重密集的称纯漆墨，乃是上品，十分少见，价值高于其他墨玉品种。聚墨是石墨分布在整块玉料上，基本看不到其他颜色，玉色为纯黑；片墨是玉色黑白相间；点墨则分散成点状。由墨玉和白玉两种颜色的玉组合而成的又叫"青花玉"，黑白分明的青花和田子料俗称为"黑白子"。墨玉主要产地在新疆、青海、俄罗斯。

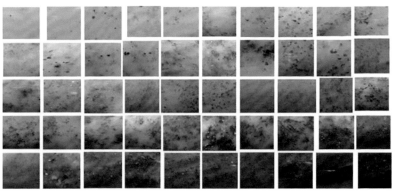

墨玉的颜色
墨玉为灰黑—黑色，致色因素是含有一定量的石墨包体。

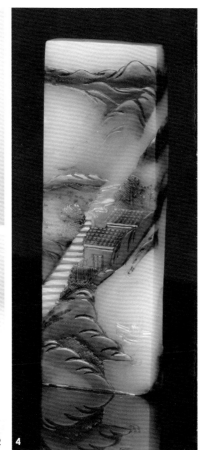

1 墨玉双欢摆件（聚墨）
2 墨玉洗（点墨）
3 青花玉荷花摆件
4 墨玉印章（片墨）

糖玉

糖玉形成于白玉、青白玉、青玉山料的外围带，是属风化作用的产物。白玉、青白玉中的Fe^{2+}（二价铁离子）变为Fe^{3+}（三价铁离子）而形成褐色色调，导致外层成为糖色。一般大块的和田玉由内到外围的颜色是过渡渐变，逐步加深的，可从浅黄色过渡到外层的褐红色。在划分糖玉和黄玉这一点上，鉴定分类时考虑的是将原生色的划分为黄玉，次生氧化致色的划分为糖玉。

糖玉是类似于红糖的红褐色，主要是由于玉石中所含的铁在漫长的形成过程中被氧化成Fe_2O_3，而呈红褐色。Fe^{3+}（三价铁离子）渗入透闪石或深浅不同的红色皮壳，深红色称"糖玉"、"虎皮玉"，白色和糖色都存在时又称为"糖白玉"。在中国传统观念中，红色象征着吉祥如意，因此和田玉器饰品中的糖色也称之为喜庆色，在玉器雕刻时常作为俏色使用。糖玉的主要产地有新疆、辽宁、俄罗斯。

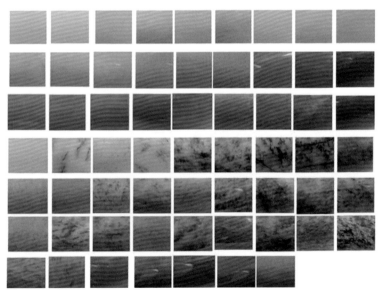

糖玉的颜色

由于次生作用形成的糖玉受氧化铁、氧化锰浸染呈红褐色、黄褐色、褐黄色、黑褐色等色调。

糖玉原料

糖玉子料

糖白玉高瞻远瞩摆件

糖白玉油润细腻，运用俏色巧雕—糖色雄鹰立于白色岩石之上，站得高才能望得远，寓意高瞻远瞩。

糖白玉观音坐像

运用俏色巧雕，白玉部分雕刻手持净水瓶的观音坐像和莲花，糖色部分雕刻莲叶，并配有红木莲花底座。观音神态安详，姿态端庄优雅。

❖ 按产出环境分类

和田玉按产出环境主要分为子料、山流水料、山料、戈壁料。

子料

子料又名"子儿玉"，是山料原生矿或山流水玉料，随着雨雪和山洪的冲刷，被外部力量搬运到玉龙喀什河、喀什喀拉河、叶尔羌河和克里雅河等河流中，经过水流亿万年的冲刷以及在水流搬运过程中的摩擦、碰撞而逐步成为似卵石状的和田玉。

子料是经受了自然界长期的搬运、冲刷及碰撞摩擦形成的，其块度较小，表面光滑，形状为卵形，并且多数带有糖皮或者有其他颜色表皮。子料经常分布于河床及河流冲积扇和两侧阶地中，或者裸露，

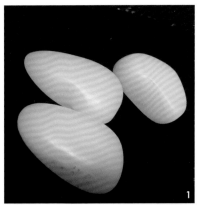

1 白玉子料
2 糖玉子料
3 冯钤·青花子料连年有余把件

或者被淹埋在地下，在河流中游的子料有各种颜色，白玉子料、青白玉子料、青玉子料、墨玉子料、碧玉子料、黄玉子料。子料的主要产地为新疆、辽宁、俄罗斯。

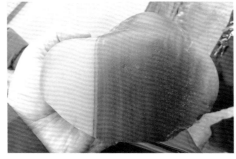

墨玉子料

山流水料

山流水料就是原生矿的山料玉料，在地质作用的影响中风化崩落，并由河水搬运至河流中上游的玉石。山流水料的特点是距原生矿近，块度较大，其玉料表面棱角稍有磨圆，地质学称为"次棱角状"。一般出现在河流上游，矿床属残积、坡积、洪积型或冰川堆积型。这类玉石距原生矿近，虽受自然剥蚀及泥石流、雨水和冰川的冲蚀搬运，但自然加工的程度有限，尚未完全变成子料，所以，新疆玉料商人戏称它是"子料的妈妈"。其主要产地是中国新疆、青海、辽宁和俄罗斯。

山流水料

山流水料

山流水料

山料

山料又称山玉、碴子玉、古代叫"宝盖玉"，指产于山上的原生玉矿，山料的特点是块度大小不一，有棱有角，表面粗糙，断口参差不齐。山料是各种玉料主要来源，不同的玉石品种都有山料，如白玉山料、青白玉山料等。所有的产地都出产山料。

墨玉山料

戈壁山料

山料

戈壁料

戈壁料是分布在塔里木盆地南沿－昆仑山北坡下的戈壁滩上，一部分由山流水料形成，一部分由子料形成。形成过程为原生矿山体破碎以后，山料崩落，由海水或河水为载体运离山体，经多年的风沙磨砺而成；或因地质运动不断地进行，改变着地球表面的环境，喀什玉龙河历史中几经改道，原来的河滩变成了沙漠、戈壁，古河道的子料或者山流水料被暴露在阳光与风沙之中，经过风沙不断地侵蚀形成的。

因常受风沙磨砺，在玉料表面形成较深的、光滑的、坑洼状的麻皮坑（也叫柚子皮、橘子皮、鱼子皮）或波纹面。因戈壁料长期经风沙磨砺，类似玉石的抛光，使得戈壁料留下了玉石最坚硬和致密的部分，所以戈壁料的硬度比和田子料还要高，戈壁料普遍具有很好的油度，品种俱全，包括了白玉所有的色系，以青、黄、糖较为多见，另外也有黑碧色、墨色等。戈壁料的主要产地是新疆。

戈壁料

墨玉双獾雕件

据称獾是动物界最忠实于伴侣的生灵，两只獾既可作为定情的象征，更寓意着欢欢喜喜。作品选用墨玉雕成的一大一小两只獾，身体未进行抛光显得圆润可爱，双目进行抛光后如深情脉脉，情趣盎然。

和田玉的雕刻

古人云："玉不琢，不成器。"这就需要我们把稀少的有限的资源，充分合理地运用起来，增加其艺术含量和文化品位。历来人们对和田玉的向往、爱好、追求几乎达到了神秘、痴迷的境地。然而，和田玉原料完整无缺者终究是寥寥无几的，大多数原料都有一个由原料转变为商品、工艺品、珍品乃至于绝品的过程。为了避免和防止急功近利的市俗商品化倾向，使其艺术价值和经济价值得到充分的发挥，以免造成资源的浪费和破坏，要做到优料精用、次料利用、小料大用、俏色巧用，所以和田玉的雕刻艺术尤为重要。

❖ 和田玉雕刻工序

玉石雕刻成器物需要经过一系列的加工程序。中国古代已形成一套程序，清代的琢玉程序有捣砂、研浆、开玉、扎埚、冲埚、磨埚、掏膛、上花、打钻、透花、木埚、皮埚等工序，充分反映了中国琢玉工艺的成熟。而现代对和田玉加工的程序，一般分为选料、设计、雕刻、抛光等四个阶段，每个阶段都有一定的内容。

选料

选料目的是正确合理选用玉石原料，以达到物尽其美，主要根据质地、颜色、光泽、透明度、硬度、块度、形状等指标来判断，从而确定做什么产品，力求优材优用，合理使用，必要时，还要进行去皮、去脏、切开等审查工艺，把玉料吃透，避免或减少玉料的缺点。

樊军民大师的《探春》作品：

1 《探春》作品设计草图　　　　**2 《探春》作品正雕刻中**

1.当作者拿到玉石原料的时候，感觉这块玉石质地极好，油润度极高，颇有羊脂之感，尤其是那一抹清幽的绿色，较为少见。于是，便萌发出"探春"的创作想法。

2.作者选用背后的视角，巧雕女子侧依门扉，不难忖度她满眼的青翠，合乎"探春"的主题。且女子的姿态欲出还进，流露出一种青涩的情绪，身旁的小狗也饶有趣味。

3 《探春》作品抛光后的成品

3.《探春》作品经过打磨抛光之后，更显得神韵，意境悠长。

选料是玉器加工的第一道工序，也是非常重要的步骤。有经验的老艺人，常常一眼就能认清玉石的本质，选用精准，巧妙用料，做出来的产品效果突出，引人入胜。

设计

在和田玉雕刻工作中设计是第一重要的，是较为抽象的，是较为高层次的升华。所谓和田玉玉器的设计主要包括创意和造型，是总结

樊军民大师的《白玉三通瓶》作品：

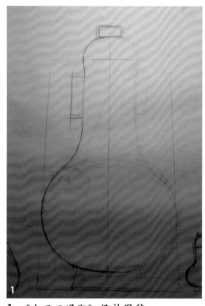

1 《白玉三通瓶》设计图稿　　2 《白玉三通瓶》正雕刻中

1.其原料是一块29.8千克的和田玉子料。原料特点：白、细，且相对较完整。比较适合做一些对原料要求高的器皿。根据原料的形状，作者设计了一壶一瓶，《白玉三通瓶》是其一。

2.做玉雕最重要的就是体现玉质的美，其中"素"活最能体现材料的特点。这块原料本身比较完美，经得起"素"的考验。故此，该器整体造型简洁大气，除了瓶盖及两侧耳，几乎没有任何多余的雕饰，最大程度表现出了玉质温润细腻的美。作者在设计瓶造型时，有意将壶盖、壶身、壶耳做成圆的，这种饱满的"圆"，也能更好地体现玉质感。

寻找器物形成的规律，从而根据规律创造新的价值意义的方法。整体的设计要根据和田玉玉石的性质、形态、颜色等量料取材，以达到剜脏去绺、因材施艺、俏色巧用的目的。设计题材时，要以鲜活、动感、自然为主，充分体现出和田玉的高贵、亲近以及生命感。造型要优美、自然、生动、真实、比例适当。整体构图布局合理，章法要有疏有密、层次分明、主题突出。雕刻中要坚持一个原则就是"一巧二俏三绝"。"一巧"是指：设计的构思巧妙乖巧，形象要栩栩如生，人人喜爱。"二俏"是指：颜色要俏，具有观赏价值。"三绝"是指：每件玉料的琢雕都是依据它本身设计，很难有重复性，基本上就是绝品。

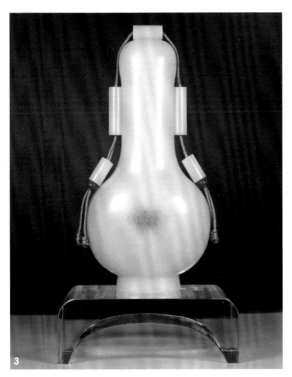

3 《白玉三通瓶》抛光后的成品

3.整体优雅大气。长颈线条优美流畅、器型比例协调，除简约保留"点睛之笔"的红皮之外，无多余装饰，也表达出作者"大美无为"的艺术理念。

雕刻

和田玉雕刻工艺的好坏，直接决定着和田玉成品的价格，行内称"三分原料七分工"，好的玉料必须有好的工艺才能将玉石的完美充分体现出来，工艺上的差异使有的玉雕成品可能价值连城，也可能成为废品。工艺的好坏应注意玉雕饰品的图案、线条及比例是否和谐、统一，特别是一些人像、花卉等图案是否符合题材的表达要求，雕工是否简洁有力或圆润，线条是否大方、清晰、流畅和富有表达力。

抛光

抛光过程实际上是一种精细的研磨作业，分为机抛和手抛，玉雕行业多习惯称为"光活"，涉及抛光剂、抛光工具和抛光的工艺。抛光是把玉器表面磨细，使之光滑明亮，具有美感。抛光首先是去粗磨细，即用抛光工具除去表面的糙面，把表面磨得很细；其次是罩亮，即用抛光粉磨亮；再次是清洗，即用溶液把产品上的污垢清洗掉；最后是过油、上蜡，以增加产品的亮度和光洁度。抛光效果分为亚光、亚光自然光、亮光三种。抛光是否精细、光滑、不刮手等直接影响着玉器的光泽，而和田玉的光泽对其价值的影响也是很大的。

经上述程序，加工制成后的和田玉，配上富丽的装潢，以美化和保护玉器，并提高身价。底座是玉器的主要装潢，一般用木、石、金属等制作，其形状、高矮、厚薄和造型雕刻都应以加工制成后的和田玉造型为依据，使之浑然一体。绳艺也是和田玉重要装潢，好的绳艺配以各种颜色、形状、大小、品种不同的配石进行点缀，让人感觉和田玉的华丽之美。

总之，一件和田玉加工制成，从选料开始到完工，凝结着玉石雕刻人的心血。一件产品制作，少则一月，多则数年，稍不留意就有损坏的危险。所以，一件玉器不仅玉料宝贵，而雕刻之功更加可贵。

❖ 和田玉雕刻常用工艺

和田玉雕刻工艺手法比较多，但常用的大致有圆雕、浮雕、镂空雕、透雕、阴刻线等。此外，如勾彻、隐起、链雕、花下压花、挖膛基本上都是圆雕和浮雕技法的延伸，这里就不一一介绍了。

圆雕

圆雕又称"立体雕"，是指非压缩的，可以多方位、多角度欣赏的三维立体造型人物、动物，甚至于静物等，是艺术在雕件上的整体表现，观赏者可以从不同角度看到物体的各个侧面。它要求雕刻者从前、后、左、右、上、中、下全方位进行雕刻。

白玉天女散花摆件

采用圆雕工艺，雕刻天女散花图案，雕刻细致，线条流畅，形象生动，寓意吉祥。

浮雕

浮雕是一种雕刻手法，是在平面或者弧面的玉料表面上，对本来是立体的人物、动物、山水、花卉等形象采用了压缩体积的方法——通常只是压缩厚度，对于长与宽方位保持原来的比例关系来表现艺术形象。雕刻者可利用物象厚度被压缩程度的不同，运用凹凸面的不同，受光后所形成的明暗幻觉和各种透视变化来表现立体感和空间感，使浮

白玉松鹤延年牌

采用薄浮雕工艺，雕刻古松、仙鹤，寓意松鹤延年。

雕在表现原则上更接近绘画的方式，特别是薄浮雕就已经很像绘画了。所以，浮雕是一种介于绘画和圆雕之间的艺术表现形式，在题材的选择、形象的刻画和工艺技法上形成了自己的特点。

在题材的选择方面，由于浮雕强调"平面效果"，一些在圆雕中无法表现的题材却可以在浮雕中得到充分和完美的表现。例如，环境是圆雕难以表现的，而浮雕却可以大显身手。又如风景题材是圆雕不

白玉牌（正背）

此牌上部分采用镂空雕工艺，雕刻如意云纹；下部分采用浅浮雕工艺，雕刻达摩像。

好表现的，而浮雕表现起来却得心应手。题材的广泛性和接近绘画的表现方式使浮雕有着广泛的用途。

根据物象厚度被压缩的不同，浮雕分为三种：薄浮雕、浅浮雕、深浮雕。

薄浮雕：一般是将形象轮廓之外的空白处剔掉一层相同的厚度，使形象略微凸起，在玉的表层形成很薄很薄的一层轮廓，以线为主，以面为辅，线面结合，薄而有立体感，以疏衬密。深度一般不超过2毫米。

浅浮雕：形象的轮廓用减地法做出，但形象凸起较高，并因自身的结构关系而呈现出较强的高低起伏。细部形象用线刻表现。压缩大，起伏小，它既保持了一种建筑式的平面性，又具有一定的体量感和起伏感。深度一般不超过2～5毫米。

深浮雕：形象的厚度与圆雕相同或略薄一些。形象因自身结构的原因而有较强烈的高低起伏，层次交叉较多，立体感极强。如果不是雕刻形象后面与背景相连，几乎可以当作圆雕来对待。

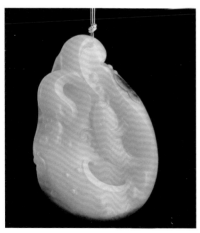

白玉年年有余把件（正背）
采用深浮雕工艺，雕刻鲢鱼，寓意年年有余。

镂空雕

镂空雕是圆雕中发展出来的技法，是表现物象立体空间层次的雕刻技法。镂空雕是一种雕塑形式，即把石材中没有表现物象的部分掏空，把能表现物象的部分留下来。比如一个工艺花瓶的瓶口雕成鱼网状；又如在龙纽石章中活动的"珠"就是最简单的镂空雕。

白玉错金五福捧寿链瓶

此瓶采用镂空雕、链雕和错金工艺，链瓶中心用错金工艺嵌五福捧寿图，制作精细。

透雕

　　在雕刻作品中，保留凸出的物象部分，而将背面部分进行局部镂空，就称为透雕。透雕与镂雕、链雕的异同表现为，三者都有穿透性，但透雕的背面多以插屏的形式来表现，有单面透雕和双面透雕之分。单面透雕只刻正面，双面透雕则将正、背两面的物象都刻出来。不管单面透雕还是双面透雕，都与镂雕、链雕有着本质的区别，那就是镂雕和链雕都是360度的全方面雕刻，而不是正面或正反两面。因此，镂雕和链雕属于圆雕技法，而透雕则是浮雕技法的延伸。

白玉惠风和畅山子（单面透雕）

白玉喜上眉梢摆件（双面透雕）

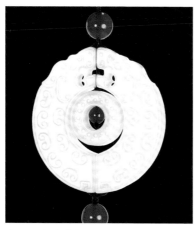

白玉双龙戏珠佩
采用阴刻线手法，雕刻如意云纹、谷纹、双龙纹。

阴刻线

　　阴刻线又称"阴勾花""阴雕"，就是只勾线不剔地子，是浮雕的一种装饰方法。有单阴线或两条并行的双刻阴线。

❖ 玉石雕刻四大流派

中国玉雕工艺历史悠久，七千年前的辽河红山文化的岫玉玉龙、太湖流域良渚文化的角闪石玉琮等，揭开了新石器时代中国玉文化的序幕。玉石工艺时期，夏、商、周的"七孔玉刀"、"玉凤"、"玉片配饰"；春秋战国的活环工艺、玉石装饰盛行期，秦朝的"玉笛"、汉代的"金缕玉衣"、隋朝的"金扣白玉盏"、唐朝的"八瓣花形玉杯"，玉雕工艺的飞跃发展期，宋朝的"玉双鹤衔草"、元朝的"渎山大玉海"，鼎盛时期，明朝的"青玉婴戏纹执壶"、清朝的"大禹治水图"都表明中国玉雕业在不断发展创新。随着清王朝的崩溃，帝国主义列强的侵占，近代中国沦为半封建半殖民地社会，这时的中国玉雕由于失去广大受众，惨淡经营，作品题材改以人物、花鸟、走兽为主，以适应出口的需要，产品结构发生重大变化，中国玉雕工艺品带着艺术性和商品性的双重特征，走进了国际商品市场。

20世纪50年代之后，中国玉雕业得到了恢复和发展，北京、上海、扬州、天津、广州、南京、甘肃酒泉、河南、新疆等地，相继成立玉雕工场，中国几千年的玉雕技艺在继承中得到发扬。20世纪60年代以来，玉雕造型千姿百态，玉雕技艺流派纷呈，终于形成"北派""扬派""海派""南派"四大流派。

北派

"北派"指京、津、辽宁一带玉雕工艺大师以雕琢人物群像、立体圆雕花卉、神佛、仕女和薄胎工艺著称，形成庄重大方、古朴典雅的艺术风格。北派的技艺源远流长，深厚精湛，在制作上量料取材、因材施艺，尤以俏色见长。北派玉雕的质地坚硬、晶莹细腻、色彩绚丽、玲珑剔透，雕刻注重造型，具有宫廷艺术的风格。

碧玉双耳炉

整器通体以碧玉雕成，造型壮硕，为典型的北派风格玉雕作品。束颈鼓腹，腹部通体浅浮雕兽面纹、云纹等纹样，下承三蹄足。此器内部掏空，壁厚外鼓，两侧雕双兽耳衔环。本器造型庄重圆润，纹饰妥帖，布局对称，在装饰手法上采用浮雕、圆雕、镂空雕等复杂组合工艺。

白玉错金嵌多宝壶

新疆和田产白玉子料，温润细腻、纯净无瑕，油润度极佳。作品造型极具西域文化之特色，器型独特、优美、端庄。壶身采用错金嵌宝石工艺，镶嵌金丝、红宝石、蓝宝石等，使作品显得雍容华贵，典雅大方。具有北派玉雕艺术风格。

白玉错金爵

采用和田玉白玉雕琢，玉质温润、纯净，仿商周青铜礼器之造型，周身用金丝镶嵌回纹、螭龙纹、兽面纹等纹饰，做工精细，造型古朴，具有北派玉雕艺术风格。

扬派

"扬派"即扬州地区玉雕所表现的独特工艺。扬州本地并不产玉，但古代扬州的便利交通及富庶市民为玉雕的形成与发展创造了便利条件。扬州地区玉雕以巨雕、山子雕最具特色，玉雕讲究章法，工艺精湛，表现出精致、大气的独特工艺。碧玉山子"聚珍图"、白玉"大千佛国图"、"五塔"等，都被国家作为珍品收藏。

苏州玉雕工艺精湛，具有空、飘、细的艺术特色。"空"指的是造型要空灵，"飘"指的是线条要流畅，"细"说的则是琢磨工细。巧雕是苏州玉器最大的亮点。

海派

上海开埠以后，依托上海优越的地理位置和繁荣的经济，许多玉雕大师纷纷迁入上海，在他们的互相切磋学习之中，逐渐整合而成海派玉雕，并日益成为最主流的玉雕流派。海派以器皿（以仿青铜器为主）之精致、人物动物造型之生动传神为特色，雕琢细腻，造型严谨，庄重古

白玉子料乐在其中摆件

扬派的山子雕刻很有特色，此摆件即为扬派玉雕代表作品之一。此作品为和田子料白玉，玉质缜密细腻，油润度佳。采用圆雕技法，雕刻两位老者正在古松下下棋，人物神态传神，意境优美，令人身临其境，陶然自醉。整个作品布局巧妙，层次分明，雕刻精细，具有较高的欣赏价值、艺术价值和收藏价值。

白玉君子之交把件

白玉质地细腻、温润，俏色巧雕兰花、鹌鹑、昆虫等，雕刻细致，神形兼备。此为典型的海派玉雕风格作品。

雅。"炉瓶器皿精致、人物鸟兽生动传神",成为海派玉雕的主要特色。"墨碧玉周仲驹彝""青玉兽面壶"等被中国工艺美术馆收藏。

借用一句行话:扬州的山子,苏州的花鸟鱼虫,上海的炉瓶比较出名。

南派

"南派"以南方的广州、四会、揭阳、福建等地为代表,其玉雕风格长期受竹木牙雕工艺和东南亚国家艺术文化影响,在镂空雕、多层玉球复杂多变的雕琢技艺上很有特点,独树一帜,造型丰满,呼应传神,工艺玲珑,形成"南派"艺术风格。南派玉雕用料多以翡翠为主要玉种。

白玉链瓶
此为南派玉雕艺术风格。采用镂空雕、链雕技术,通体用整块白玉雕刻而成,玉质上乘。链瓶以镂雕工艺为主,整个作品在构图、雕工上超越了传统工艺,精美绝伦。配上红木底座,更具有收藏价值。

❖ 和田玉雕件纹饰寓意

　　和田玉原石是僵硬的、冰冷的、没有生命的，但在玉雕大师眼里，却是通透的、鲜活的。他们从石头中看出了生命，从而体现了中国文化的智慧及传承千年的文化精髓。中国玉雕通过形神兼备、灵动之趣、含蓄隐忍、小中见大、大巧若拙、虚实结合、和谐之美、以艺载道这八个方面把玉石的美体现出来。

　　玉石行有句古话，叫"玉必有工、工必有意、意必吉祥"。吉祥造型来自于人们的信仰、民间传说、动植物的谐音和暗喻等。在玉佩中，往往运用了人物、走兽、花鸟、器物等形象和一些吉祥文字等中国传统图案造型，以民间谚语、吉语及神话故事为题材，通过借喻、比拟、双关、象征及谐音等表现手法，构成"一句吉语一幅图案"的美术表现形式，充分体现了玉石文化的精髓。现就一些常见玉雕纹饰寓意作一个介绍。

　　喜上眉梢：图案为喜鹊落在梅枝上。在中国的传统习俗上，喜鹊被认为是一种报喜的吉祥鸟。"眉"与"梅"同音。喜鹊立在梅梢表示喜鹊报喜，一对双喜。寓指人好事当头，喜形于色。

　　欢欢喜喜：图案为形状似小熊的獾、猪与喜鹊，表示开心与笑口常开。

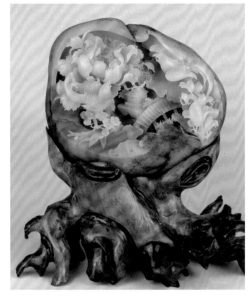

青玉喜上眉梢摆件

三阳开泰：图案为三只羊。"羊""阳"同音寓意吉祥，"三羊"喻"三阳"。"开泰"即启开的意思，预示要交好运。寓意祛尽邪恶，吉祥交好运。

三星高照：三星是传说中的福星、寿星、禄星。他们专管人间祸福、寿命、官禄。在图案中往往由手持蟠桃的寿星、鹿和蝙蝠组成。象征幸福、富有、长寿。

福禄寿：图案通常为葫芦和上面的一只松鼠或其他动物。"葫芦"意为"福"和"禄"；动物为"兽"，意指"寿"，表示福禄寿全之意。另外，福禄寿也可以用蝙蝠、梅花鹿和松鼠等兽类动物来表示。

福寿双全：图案为一只蝙蝠、两个寿桃、两枚古钱。蝙蝠衔住两枚古钱，伴着祥云飞来。整个图案以谐音和象征的手法表示幸福、长寿都将来临，即福从天降。

白玉福禄寿瓶

白玉质地温润、细腻，整体雕刻一瓶，腹部雕刻梅花鹿和寿桃，双首耳衔环，盖纽雕刻蝙蝠，寓意福禄寿。

青白玉三阳开泰摆件

青白玉质，雕刻一只母羊回首慈祥地望着两只小羊，寓意三阳开泰。

白玉五福临门把件

以白玉巧雕五只蝙蝠，"蝠"与"福"谐音，寓意五福临门。

白玉连年有余摆件

以整块白玉俏色巧雕两只红色鲢鱼嬉戏于莲叶间，寓意连年有余。

五福临门：图案通常为五只蝙蝠。"蝙蝠"的"蝠"与"福"谐音。

富贵万年：图案为芙蓉、桂花、万年青、长红，表示富贵永无止境。

福在眼前：图案为一个古钱的前面有一只或两只蝙蝠。蝙蝠意"遍福"；古钱中间都有眼，"钱"与"前"同意，"有眼的钱"意为"眼前"，加上蝙蝠，表示福运即将到来。

连年有余：图案为荷叶、莲藕和鲤鱼。"莲"意为"年"，"藕"指藕断丝连，为年年不断；"鱼"为"余"，指丰衣足食。整个图案表示丰庆有余，生活富裕。

连年如意：图案为莲花荷叶雕刻在玉件上，寓意遂人意、得人事、足畅无比。

平平安安：图案为花瓶和鹌鹑。"瓶"喻"平"，"鹌"则为"安"，为音寓，祝愿万事顺意。

岁岁平安：图案为花瓶里插着几穗的稻穗，旁边立着鹌鹑，谓"日日是好日，岁岁有今朝"。

连中三元：图案为荔枝、桂圆、核桃，因果实都是圆形，"圆"与"元"同音，寓意夺得旧时科举考试中乡试、会试、殿试的第一名。

喜报三元：图案为喜鹊和三只桂圆，取"喜鹊"之"喜"字和三只桂圆之"元"字来寓意。

节节高升：图案以竹节表示。寓意为不断进取、节节向上。

马上封侯：图案为小猴儿坐在马背上，状似得意，表示"出将入相"不远矣。

黄玉岁岁平安挂坠
黄玉呈浅黄色，雕刻谷穗和鹌鹑，寓意岁岁平安。

白玉马上封侯摆件
白玉质地温润细腻，整体采用圆雕的手法，雕刻一跪卧于地上的马呈回首状，马背上趴着一小猴，状似得意，寓意马上封侯，象征仕途一路高升，封侯做相。

封侯挂印：图案为猴子爬到枫树上挂上印章。枫树的"枫"字与"封"音相通，寓为封奖："猴"与"侯"同音，寓官位；印即官印。意指事业腾达，加官进爵之意，体现事业的成功。

鱼跃龙门：图案为湍急的水流中鱼儿逆流而上，眼看龙门近在咫尺，谓"通过考验，身价百倍"。

合和二仙：图案为两位小童，一人手拿荷花，一人手捧盒子，"荷盒"与"合和"同音，祝福家人、夫妻相处和睦。

玉鼠送财：图案通常是由一只或几只老鼠和铜钱或元宝构成。

金玉满堂：图案主要以一根玉米和老鼠构成。"玉米"寓意着丰收年，"老鼠"有着玉鼠送财之说，两者在一起有"金玉满堂"之意。金鱼有时也可以叫作金玉满堂。

高官得中：图案用茄子状似高冠来表示。

其他蕴含美好寓意的图案纹饰有：牡丹象征富贵；灵芝象征如意；枣、花生和栗子寓意早生贵子；豆角寓意福豆；双獾有作为夫妻定情之物的说法；白菜寓意"百财"，多多发财的意思；葫芦、玉米、石榴、葡萄表示多子多福的意思；莲表示一品清廉；鸳鸯、荷花、荷叶组成，表示夫妻相处和好、相亲相爱、白头偕老之意；路路通寓意财源滚滚……

白玉白菜摆件

墨玉子料玉鼠送财把件

墨玉子料质地细腻，雕刻几只老鼠和元宝、铜钱，寓意玉鼠送财，象征富贵发财。老鼠雕刻得形态逼真，精灵俏皮，惟妙惟肖。

避邪护身寓意的有：平安扣、四季平安扣、十二生肖、观音、佛、兽面纹（饕纹、龙纹、鬼头、虎头）、麒麟、钟馗、关公、张飞等。

另外，还有貔貅、金蟾，这是现今最热门的题材。貔貅、金蟾是招财辟邪的灵兽。金蟾是只有三脚的蟾蜍，因其有吐钱的本事，故而有招财的寓意。含有钱的金蟾在摆放时嘴冲屋内，不含钱的金蟾就嘴冲屋外。貔貅传说是龙王的第九个儿子，因其光吃不拉的特点，所以可以纳财。

玉佩中的中国传统图案形式多样，寓意深刻，数不胜数。它浓集了中华玉石文化的丰富内涵，是华夏传统文化百花园中的一朵光彩夺目的奇葩。玉佩与其他珠宝饰品不同的是，它在对人进行装饰的同时，更在乎于人们的精神感受，已成为人们精神寄托的直观物质表达形式。在强调个性化和注重精神感受的现代，佩戴蕴藏有丰富东方文化内涵的玉佩，将更能体现出自己的个性、品位和民族气质。

白玉观音挂件

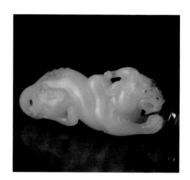

白玉貔貅把件

青玉金蟾摆件

鉴

定

技

巧

和田玉的基础鉴定方法

很多人尽管身上佩带着玉器，但对玉器鉴定的知识比较匮乏，弄不清楚自己身上佩带的玉器是真的还是假的。而且，玉器的真假判断，也不一定是价格高的就一定是真的。如果自己一点都不懂玉器鉴定就去选购玉器，那必然会吃亏上当。下面就从几方面介绍一下和田玉的鉴定方法。

❖ 简单易学的和田玉鉴定方法

鉴定一块玉是否是和田玉，可以到专业的鉴定中心，通过大型科学仪器来鉴定。这种鉴定方法可以准确无误地鉴定出是否为和田玉，但必须要在实验室条件下进行。如果在无法提供实验条件的情况下，我们又应该如何准确地鉴定和田玉呢？业内人士总结了一些简单易学的鉴定方法可供参考。

观察法： 就是直接观看，看颜色、光泽、透明度。看颜色，和田玉的色调较为丰富，有白色、青色、黄色、黑色等四种基本色调，还有一些过渡色，如青白色、灰白色等。新疆白玉的色调是"白里透青"、俄罗斯白玉是"白里透红"、青海白玉是"白里透灰"且多有"水线"纹理。看光泽，和田玉光泽属油脂光泽-蜡质光泽，就是光泽带有很强的油脂性，具有滋润的感觉。这种光泽很柔和，使人看了很舒服。从总体情况看，和田玉比其他玉石的"油"性强，这是鉴别和田玉的一个重点。看透明度，透明度是玉石允许可见光透过的程度，和田玉透明度处于微透明–半透明之间，把玉对着光亮处，如阳光、灯光，也可以用手电筒的光，仔细看玉，根据玉石颜色剔透、透色分布均匀程度，判断是否为和田玉。

手掂法： 和田玉的密度达2.93～3.13克／厘米^3，用手掂一掂，有一种压手感，因为和田玉的密度大，同样大的其他玉石与和田玉相比，和田玉就显得比较重。

小刀法： 和田玉的摩氏硬度达6～6.5，小铁刀或钢刀的摩氏硬度是5左右，用刀刻划玉石，玉石完好无损，这是其他大多种类的玉石无法做到的，但是，用小刀能刻动的一定不是和田玉，刻不动的还要进行其他鉴定来确认。

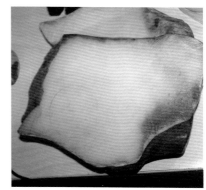

俄罗斯料

新疆和田子料

青海料

❖ 不同产地和田玉的鉴别

不同产地的和田玉在价格上相差几倍，甚至是十几倍。那么如何鉴别一块和田玉是哪里产出的呢？下面介绍一下不同产地和田玉的鉴别方法。

新疆和田玉

新疆和田玉的矿物组成以透闪石为主，透闪石含量为95%～99%，并含微量透辉石、蛇纹石、石墨、磁铁等矿物成分，形成白、青、黑、黄等不同色泽，阳光下反复转动发出淡淡青色光晕，糯白、阴白色（微泛青）。多数为单色玉，少数有杂色。新疆产出的和田玉呈油脂或蜡状光泽且滋润感较强，好的料无瓷性，和田玉因厚度不同透明度而有区别，总体呈微透明或半透明状，手感较沉光滑，油脂感强，摩氏硬度一般为6～7，新疆出产山料、子料、山流水料、戈壁料均有，内部结构为纤维交织结构，纤维状晶体颗粒较细、较短，排列致密，呈短棒状或丝束状，有时也会呈现云絮状结构，高密度，甚至看不清其内部的结构。和田产和田玉以子料和山料居多，分老坑和新坑，其结构中多见云絮状纹理呈长丝状或长条状分布。新坑玉基本属山料，在开采时用炸药爆破，故玉石上常遍布绺裂，所以洁净度、致密度及滋润度都不及老坑玉。子料的皮色薄且无石皮。

白玉子料老少同乐把件

和田玉（青玉）壶、杯（一套）

和田玉（白玉）原料

和田玉（糖白玉）开天辟地摆件
此作品获得2009年天工奖银奖。

和田产和田玉油性好，色度纯正，质地滋润细腻，杂质少。叶城产和田玉内部常见点状、松散、粗犷的云絮状结构，且常伴随黑色或白色的礓点；黑色礓点是铬尖晶石，白色礓点为白云石。且末产和田玉以块度大的山料为主，且油性好。天山矿区产和田玉为碧玉，因其产地在玛纳斯境内，故有"玛纳斯碧玉"之称。玛纳斯碧玉颜色多带蓝色调，色浅，杂质、裂纹及黑点多，油润度较差，质地也较粗。阿尔金山矿区产和田玉，除少量属青玉外，其余为碧玉，其特点与天山矿区的极为相似。

青海料

青海产的和田玉又称"青海料"，主要矿物成分也是透闪石，但其含量明显低于新疆和田产的和田玉，此外，普遍含有方解石、透辉石、硅灰石、白云石等，其中硅灰石是新疆和田产的和田玉中没有的。青海料以纤维交织结构为主，但青海料的矿物颗粒明显比新疆和田产的和田玉粗，结晶度明显比新疆和田产的和田玉高。青海料的特点：一是"干"，油润度差；二是"白"；三是"透"，大多呈透明-微透明状。颜色分白玉、青白玉、青玉等品种，其中"青海白"呈灰白-蜡白色，糖色形成黑褐色斑点，色太浅。青海产和田玉还有带灰白-蜡白色、黄灰色、肉粉灰色调的翠青玉、烟青玉品种，且烟青玉带有其他地区所产和田玉所没有的紫色调。糖色以浅黄褐色、较均匀的糖色和黑褐色-黄褐色为主，要么色太浅，要么集中形成黑褐色斑点，极少见红褐色糖色。结构中时常呈现其自身独有的石花、絮状绵绺、白色透明的"筋"（即水线）翳状斑点等内含物。青海碧玉的颜色一般为灰绿色调，颜色多偏向青色。

青海翠青玉

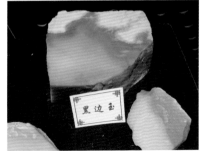

青海碧玉

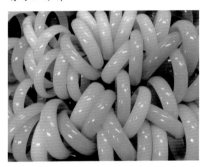

青海玉原料

青海黑边玉

青海料白玉手镯

青海料白玉牌

俄罗斯料

俄罗斯产的和田玉又称"俄罗斯料"、"俄料"。俄罗斯料中透闪石含量占95％以上，可见石英，次要矿物有白云石、磷灰石、绿帘石、滑石、磁铁矿等。俄罗斯料大多结晶粗大，以透射光观察，透明度优于新疆产和田玉，其内部的毛毡状结构较显著，油性差，通体发干，不好打磨加工，大多数情况下反光有斑驳感，具瓷感，近看白度正常，远看则感到有青色系，有些品种还会呈现出似鸭蛋皮的青色。俄罗斯所产的白玉颜色非常白，呈奶白色，较死板，似死白。俄罗斯碧玉绿色较正，原料中有黑点及颜色的明暗分布，大多数的俄罗斯碧玉能够看出萝卜纹的结构特征，多黑点，颜色不均匀。好的俄罗斯碧玉颜色十分漂亮鲜艳，色泽均匀，黑点较少甚至没有，料质细腻均匀，结构特征不太明显。

俄罗斯碧玉猫头鹰雕件

俄罗斯白玉巧雕蝎子把件

俄料的糖白玉牌

俄罗斯子料

河磨玉

辽宁岫岩产出的和田玉，又名"河磨玉"，本身是透闪石玉，透闪石含量在95%左右，摩氏硬度为6.36~6.46；密度为2.91~3.1克/厘米³，折射率点测法为1.61；但是河磨玉很少有纯白色的，颜色比较正的是黄白色、黄泛白、黄白泛青，其玉皮因为混杂有锰、褐铁、黏土、绿泥石等，皮层较和田子料要厚一倍以上，皮色有玉肉侵蚀的感觉，而和田子料的玉皮怎么看都是薄薄的一层。放在强光下透射，会看到大块的白玉礓斑，就是俗称"棉絮"的玉花。

1 河磨玉观音吊坠
2 河磨玉牌
3 河磨玉观音头像
4 河磨玉原石

韩料

　　韩国产和田玉又称为"韩玉"，业内称为"韩料"，它的辨认首先看颜色，韩料多为灰黄绿色调的白色、灰黄白色，用肉眼能够看到细小的针状白点，透明度较差，结构较粗，透过灯光其内部呈斑块状构造。其次看质地，其密度小于其他产地的和田玉，拿在手里稍微偏轻，质地略松，雕刻时容易崩口，抛光后油脂光泽不强，不柔和，呈现蜡质光感，润泽较差。最后是硬度，韩料摩氏硬度为5.5左右，比其他产地的和田玉稍微低一点，略高于玻璃，所以在刻划玻璃时就要用点力气才可以划出痕迹。

韩料原石

韩料原石

韩料原石

韩料雕件

❖ 和田玉子料的鉴别

新疆和田玉的皮是鉴别真正子料的一个特征，那么如何才能更好地鉴别皮是不是做上去的？颜色是不是后加上的呢？以下五个方面的建议可供读者参考。

天然皮色种类

子料是在河水中历经千万年冲刷，自然受沁，质地软松的地方沁入颜色，在有裂纹的地方颜色比较深。这种皮色相当自然，称为活皮。玉皮的厚度很薄，一般小于1毫米。色皮的形态各种各样，有的成云朵状，有的为脉状，有的成散点状。常见皮色有白皮、黑皮、枣红皮、秋梨皮、鹿皮、芦花皮和粗地红皮，较少见及罕见的有紫罗兰皮、桃花皮、芝麻皮、蓝皮等。子料的沁色有层次感，皮和里面的玉感觉是一致的。皮上的颜色应是由深入浅，裂隙上的颜色应该是由浅到深。色皮的形成，是由于和田玉中的FeO（氧化亚铁）在氧化条件下转变成Fe_2O_3（三氧化二铁）所致，所以它是次生的。

和田玉子料各种天然色皮

天然皮色的结构及厚度特征

子料皮色的分布主要与内部结构致密程度，表面粗糙度，各类次生、原生裂隙、层理、冰川痕迹等结构薄弱处有关。颜色的分布除单一颜色外，经常观察到多种颜色相互添加、叠加，及相互演变的现象，当多种颜色叠加时，通常黑色分布于底部且厚度较大，覆盖层（如红色、黄色、褐色等）的颜色厚度通常较薄（<1毫米）。厚度依结构致密度、表面粗糙度和各类致表面缺陷的种类而异。纵向厚度范围多为0.1~2毫米，最厚处可达10毫米以上，大部分"赌石"的皮厚度大于0.5毫米。有时色皮下存在一个颜色渐变过渡层，过渡层的厚度与内部结构有关。沿裂隙分布的颜色是以裂隙为中心，离裂隙越远，颜色厚度越小。

红皮和黑皮相混，红皮下有结构松散过渡层，层内多见树枝状黑色矿物。

凹坑及汗毛孔辨认

有无凹坑及汗毛孔，是鉴别真假子料的重要一点。真正的子料，无论多么细腻，它的表面，都会有无数细细密密的小孔，非常像人身皮肤上的汗毛孔。这种表面特征是在自然状态下形成的，绝不是人工可以伪造出来的，在十倍放大镜下，可以很清楚地看到。用汗毛孔来鉴别真假子料非常有效。

凹坑、汗毛孔形态：凹坑的表面形态除少数呈近似圆形外，大多数为各类不规则形状，千姿百态，大多数情况下凹坑较少孤立存在，子料上可见多个凹坑。凹坑在裂隙附近更多见，有时凹坑沿"层理"分布呈线状或带状。通常所说的汗毛孔为肉眼能见的细小的凹坑，理论上的透闪石晶体颗粒脱落形成的针尖、纤维状汗毛孔肉眼及低倍放大镜是观察不到的。所以本质上业内所指的汗毛孔和凹坑是类似的，差别仅仅是大小和深浅。相对于凹坑来说，汗毛孔的形态更趋向于近长形或圆形。

凹坑、汗毛孔与表面粗糙度的关系：一般地说，子料表面粗糙度是各类凹坑、汗毛孔、凸起、裂隙等微细特征的表征和参数，在判断真假子料、真假色皮时，表面粗糙度比表面磨圆度等更为重要。粗糙度直接与凹坑、汗毛孔的大小、深浅、内壁及底部形态、凸起的高度、宽度等诸多表面起伏特征综合而成。粗糙度的大小，依据子料样品及子料表面不同部位而异。粗糙度越大的地方，凹坑和汗毛孔越多越深，其结果是颜色越深及次生矿物的种类越多。反之，越光滑的地方，凹坑和汗毛孔越少、越浅，其结果是颜色浅或无色及次生矿物的种类也较少。

凹坑、汗毛孔的成因：子料表面的各类凹坑、汗毛孔、凸起的形成是自和田玉从原生矿体剥离后所发生的所有地质作用对表面的碰撞、冲击、冲刷、磨刷、剥蚀、腐蚀等过程的综合结果。结构疏松区被优先剥蚀、腐蚀，形成较粗糙的凹坑和汗毛孔，结构超致密的区域较难被剥蚀和腐蚀，形成凸起。

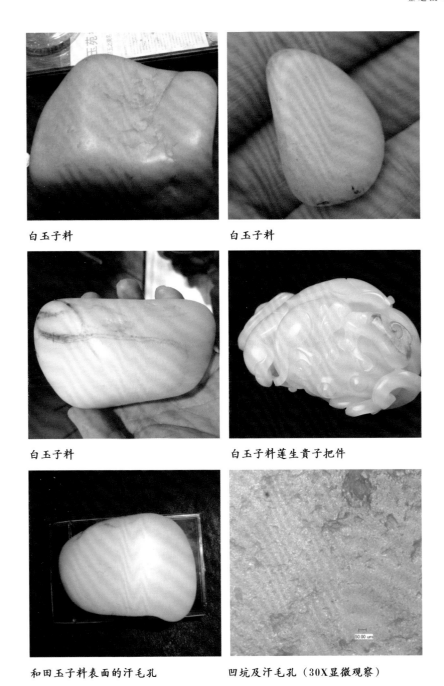

白玉子料

白玉子料

白玉子料

白玉子料莲生贵子把件

和田玉子料表面的汗毛孔

凹坑及汗毛孔（30X显微观察）

子料表面裂隙特征

子料在河床中历经百年的冲刷碰撞，多多少少都会有一点裂，裂隙中往往浸入皮色，与剥蚀、碰撞、滚圆等流水地质作用有关的裂隙特征，这类裂隙主要为平行于子料扁平方向的"层理"，线状或不规则状裂隙、河流状裂隙等。这些裂隙、层理有些能见到次生矿物（如石英颗粒、方解石、铁质氧化物、氢氧化物、锰质氧化物等）充填。有些裂隙呈完全交合，有些仅部分充填、有些无任何充填。裂隙的形态多种多样，显示了复合地质作用综合结果。

与冰川刨蚀运动有关的裂隙（指甲纹、冰川划痕、刨蚀断口）及其充填物特征，这类裂隙主要包括：刨蚀断口、冰川划痕、指甲纹等。在大子料上这些特征较明显。一般说子料体积越大，形态越趋圆，越易观察到这些特征。当子料的重量低于2千克时，在其表面很少能观察到指甲纹和冰川划痕，但刨蚀断口有时还可见到。这类裂隙在结构上遭到严重破损，断口粗糙，为次生矿物的沉积生长及各类色皮的形成提供了几何学上和结构上极有利位置。另外，这类裂隙特征为新疆和田玉子料特有的"指纹"性特征，可作为区分"俄罗斯子料"、仿子料的技术指标。

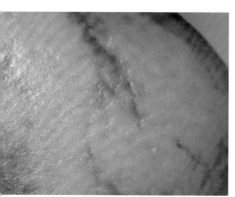 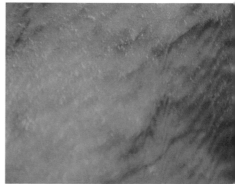

子料皮色表面呈现的"层理"（50X显微观察）

冰川划痕

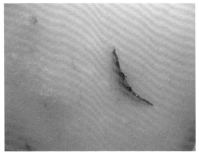

指甲纹（50X显微观察）

水草状浸染

一些子料表皮呈水草状浸染，这可以说是子料铁的证据，因为这种水草状浸染不是短时间人工染色能够形成的，而是几千年甚至几万年矿物质浸染的结果。金属盐与子料长期接触，沿浅裂隙向两边与子玉的纤维状结晶体之间发生物质交换，形成这种带有毛刺状的水草状浸染，这是时间的印记，这种浸染潜伏在裂隙两边的玉皮之下一点点。

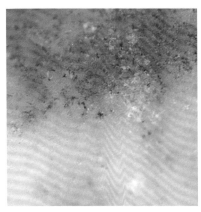

天然山料皮上的褐铁矿颗粒呈树枝状（20X显微观察）

❖ 假子料的鉴别

假子料与子料的不同点在于真皮无色！真皮的色是从玉里透出来的，真皮不管它是什么颜色，玉工雕玉时琢下来的玉粉都是白色的，而染色的假皮则浮于表面、色凝凹处，磨下的玉粉是带色的。一件带皮子料是否为真皮，玉工最清楚。有经验的玉工有时凭皮色就能知道料的好坏和玉肉的大致走向，从而决定如何创意制作。

关于假子料鉴定的行内术语

活皮：是皮色直接生成在玉的表面，光亮艳丽很薄的叫活皮。

浆皮：是皮色生成在玉表面的石浆上，颗粒粗而且厚的叫浆皮。

死皮：在玉质比较疏松的地方造假皮，这样的皮叫死皮。这种皮浮于表面，颜色虽然鲜艳，但无过渡的自然层次感，且显得干涩，没有滋润感觉。用开水一烫就容易掉色变淡。

滚料：是把山料小块，放入滚筒机内滚磨，磨成卵形，很像子料，然后再染假皮冒充。

皮上加皮：这类假皮一般做在上等子料上，在本身带皮、皮色不艳丽的情况下在自然皮上加色，从而达到皮色鲜艳，价格翻倍的效果，也可称为"加强皮"。

各色假子料

假子料的制作方法

1．磨光料加假皮，这类料子以青海料为主造假，基本没有汗毛孔，料子也透，之后为磨光料上色。

2．次品子料烧假皮把品相不好很难出手的低档子料烧出假皮出售，这类假皮浮于表面，或类似糖霜，颜色内外相差很大，根据有沁色的地方和外延的色差来辨别。

3．滚料染色成假带皮子料。

4．皮上加皮，这类假皮层次分明，有真有假，极难分辨。可行的办法是用强光照出内在的沁色，观察里面的沁色和外面的皮色颜色是否一致，以及外面的鲜艳皮色有无内沁和呼应。

工人正在切割玉料

经过磨圆之后的玛纳斯碧玉冒充和田碧玉

5. 高档子料用矿物质做物理假皮，利用生成子料皮的天然矿物质，用一种独特的配方缩短皮子形成时间，在很短时间里使材料上形成想要的各种皮色沁色。

白玉假皮   蛇纹岩

蛇纹岩贴皮做成假子料

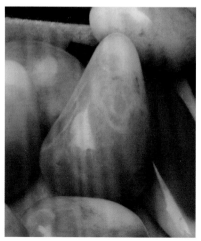

磨圆染色假子料

用蛇纹岩玉挖洞，贴皮（人工造假子料）

假子料皮色特征

假皮制作方法多种多样，从古代的植物、动物、矿物染色到现代的利用高科技手段局部快速加热、染剂、渗透剂、表面活性剂等并用的方法不知道有多少种，但是每种特定的处理方法都可找到鉴别特征。

1. 染色多限于表皮很浅部位，碰撞易致使脱落。

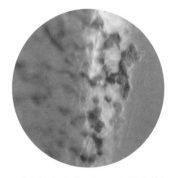 

脱落的假皮色（50X显微观察）　　石英岩染色仿和田玉子料

2. 裂隙内、凹坑内有时可见染剂染料充填，有机化学液体擦拭（如酒精棉、84棉等）有时可被染色。

染色子料用酒精棉擦拭后，棉花上粘　　染色子料
有染料。

3. 假皮的凹坑相对均匀，颜色主要分布集中在凹坑底部，部分凹坑内见不到颜色，颜色种类单调。

假皮的凹坑（30X显微观察）

4. 用于做假子料皮色的染剂，部分具有发光性，紫外辐照会有荧光。

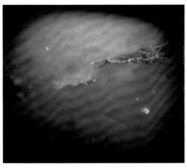

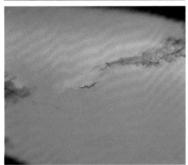

**DiamondView下有些染剂会有荧光
（上为荧光图，下为正常光照图）**

5. 部分表面可见因快速升温而导致的细微裂隙。

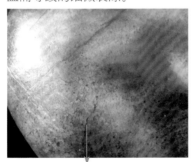

细微裂隙

6. 染色处有时可见微细磨刷线纹。

微细磨刷线纹（30X显微观察）

7. 局部染色样品有时可见被遮盖部位的明显界限。

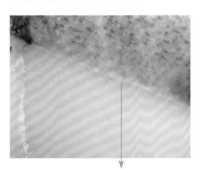

明显界限

8. 少见裂隙，当见裂隙时，裂隙具新鲜特征，少见或不见矿物充填物。高倍率显微观察有时在裂隙内可见到微细墨砂或染剂残留物。

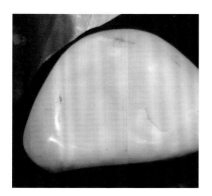

假皮上的裂隙有明显染剂残留物

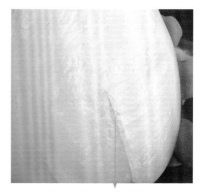

裂隙中有明显染剂残留物

9. 见假毛孔特征：假毛孔多是用硬沙或工具，人工在仿子料及抛光雕件等光滑表面上做上去的，其大小、形态、分布等相对较均匀，有时可见明显的工具痕迹。假毛孔内部有可见"蜡"抛光和染剂残留物，内壁较陡且干净。

磨光子料假毛孔

磨光子料假毛孔

磨光子料假毛孔（5X显微观察）

和田玉的优化处理

和田玉的优化处理方法有浸蜡、染色、拼合、磨圆，以及做旧等。

❖ 浸蜡

以石蜡或者液态蜡充填和田玉成品表面，以掩盖裂隙、改善光泽。浸蜡的和田玉带有蜡状光泽，有时可污染包装物，热针可熔，红外光谱可见有机物吸收峰。

❖ 染色

选择软玉整体或部分进行染色，用来掩盖玉石的瑕疵，或者用来仿子料。颜色有黄色、褐黄色、红色、褐红色、黑绿色等。染色和田

染色子料

染色子料

玉的颜色鲜艳，不自然，多存
在于表皮及裂隙中。

✢ 拼合

　　通常将糖玉薄片贴于白玉
表面，然后进行雕刻，将多余
部分的糖色雕刻掉，剩余的糖
色部分组成所要表现的图案，

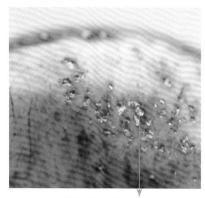

颜色明显浮在玉石表面，有
裂隙凹坑的地方颜色较深。

糖玉和白玉
的拼合痕迹

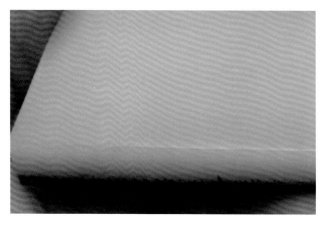

白玉贴糖玉皮

滚小子料的滚筒机

滚筒机里出来的半成品

用来仿俏色浮雕。拼合软玉的特点是俏色部分的颜色与基底的颜色截然不同，无过渡，仔细观察可见拼合缝。

❖ 磨圆

将粗加工的山料放入滚筒中，加入卵石和水滚动磨圆，用以仿子料，俗称"磨光子"。磨圆较差者反射光下隐约可见棱面；磨圆较好者表面光洁度高于天然子料（天然子料的表面类似于鸡蛋皮），有时可见新鲜裂痕。

磨圆的子料（局部）

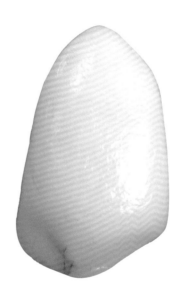

磨圆的子料

❖ 做旧处理

作为出土文物的古玉，因为埋藏年代久远，在各种侵蚀作用下会形成不同的"沁色"，如土黄色的"土沁"、红色的"血沁"、黑色的"水银沁"、灰白色的"石灰沁"等。"做旧"处理的目的就是仿古玉。20世纪90年代以前仿古玉的"做旧"仍然采用传统的方法，即将仿旧的软玉（可做成残缺状）放入梅杏干水中煮几天，直到将玉上的杂质、裂纹、油脂腐蚀成不光亮状，或出现坑洼麻点后取出，在其产品表面涂以猪血或地黄、红土、炭黑、油烟等，再经火烤，使色浸入内部；擦拭干净后，再放入油、蜡锅中浸油，恢复表面油状光泽，即成仿旧玉。如果将这样的仿旧玉埋入地下半年、一年，再经常浇些水，取出后效果更好。有时为了仿古人玩过的旧玉效果，还用麦糠揉搓，用皮肤磨蹭，用皮子擦拭（俗称"盘玉"）。

从20世纪90年代开始，现代技术被引入仿古玉做旧领域，强酸、强碱和高温高压的应用，使得仿古玉制作水平大为提高。玉石的"做旧"处理主要从颜色、所仿朝代的加工工艺及纹饰特征等方面进行鉴定，多属于文物鉴定范畴，在这里不做过多介绍。

做旧处理过的白玉牌

和田玉与相似品种的鉴定

与和田玉相似的玉石有很多，例如石英岩玉、大理石玉、蛇纹石玉、独山玉、玻璃、玉髓等，怎样才能分辨出哪个是真正的和田玉，哪个是赝品呢？以下重点介绍和田玉与这些相似玉石品种的鉴定方法。

❖ 石英岩玉

石英岩玉又叫卡瓦石。石英岩玉的组成矿物主要是隐晶质－显晶质石英，另可有少量云母类矿物、绿泥石、褐铁矿等。化学组成主要是SiO_2，颜色丰富，常见白色、黄色、灰色等，玻璃光泽，微透明到半透明，粒状结构，折射率点测多为1.53或1.54。密度为2.55～2.71克/厘米^3。摩氏硬度为6.5～7，断口为粒状。

石英岩玉一般会用于做挂件、玉手镯、摆件等。鉴别和田玉和石英岩玉，最准确的方法当然是在实验室进行，通过测密度、折射率等，用数据来鉴定。但消费者也可以用以下三个方法来鉴别。首先，测密度。两块一样大小的玉石，可以用手掂一掂，和田玉会比较重，因为和田玉密度大于石英岩玉密度；其次，看光泽。和田玉的光泽是油脂光泽，而石英岩玉则是玻璃光泽，两种光泽是有区别的；再次，用光源照射观察结构，和田玉是纤维状交织结构，有絮状、毡状感，而石英岩玉为明显的粒状结构，和田玉断口为参差状，石英岩玉断口为粒状，当颗粒较大时，可有粒状反光的砂金感，一般情况下，和田玉的透明度低于石英岩玉。

石英岩玉与和田玉实例对比

石英岩玉佛手把件

和田墨玉摆件

此石英岩玉整体呈黑灰色，一眼看上去很像和田墨玉，但仔细观察，玉质不如和田墨玉温润，有玻璃光泽，颜色不纯正，偏灰色。

石英岩玉原石

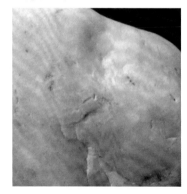

白玉子料原石

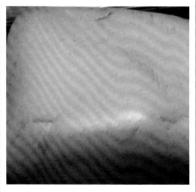

石英岩玉玉质干涩，显得粗糙；白玉子料原石看上去呈油脂光泽，玉质细腻。上手掂一掂，同样大小的两块原石，和田玉会重一点。

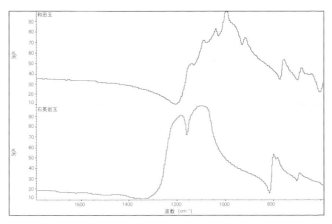

和田玉（蓝线）与石英岩玉（红线）红外光谱（反射谱）

❖ 大理石玉

　　大理石玉，又叫大理岩，同时它还有一个令人迷惑的名称"阿富汗玉"，听起来好像是进口的。大理石玉的主要矿物为方解石，可含有白云石、菱镁矿、蛇纹石等矿物。化学式为$CaCO_3$，常见白色、浅黄、黑色等，玻璃光泽，透明至不透明，粒状结构，折射率点测常为1.49或1.50，密度为2.70克/厘米^3。摩氏硬度仅为3，有三组完全解理，遇盐酸起泡。

　　大理石玉仿白玉非常相像，所以目前市面上很多，特别是在一些旅游点的珠宝店。大理石玉的光泽属于玻璃光泽而不是油脂光泽，密度比和田玉要轻，用手掂一掂没那么重。同时，它的结构大多是条带状结构，用手电筒照射着观

大理石玉五子闹佛摆件

察，是一条一条弯曲的带状结构，和田玉不可能有条带状的结构，这是一个比较显著的特征。另外，大理石玉怕盐酸，遇盐酸会剧烈起泡，而和田玉不会。大理石玉断口多为较平坦的层状断口。大理石玉硬度很低，表面常有凹坑，雕件制品雕工圆滑，无和田玉雕件的硬朗感。放大观察大理石玉为明显粒状结构。

大理石玉与和田玉实例对比

大理石玉弥勒佛、观音摆件

白玉观音摆件

此大理石玉呈白色，一眼看上去很像和田玉（白玉），但仔细观察，玉质不如和田玉（白玉）温润，呈粒状结构，有玻璃光泽。

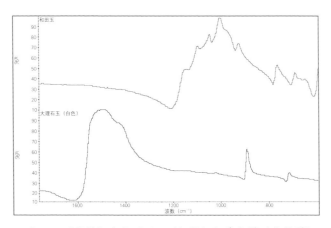

和田玉（蓝线）与大理石玉（红线）红外光谱（反射谱）

❖ 蛇纹石玉

蛇纹石玉的组成矿物主要是蛇纹石，次要矿物有方解石、滑石、磁铁矿等。化学式是 $(Mg，Fe，Ni)_3 Si_2O_5(OH)_4$。常见黄绿色、深绿色、黑色及多种颜色的组合，蜡状光泽至玻璃光泽，半透明至不透明，叶片状、纤维状交织结构，折射率点测多为1.56或1.57，密度为2.57克/厘米^3，摩氏硬度为3~3.5。

蛇纹石玉为蜡状光泽至玻璃光泽，与和田玉的油脂光泽相比缺少油润感。蛇纹石玉硬度低于和田玉，用小刀可较容易刻划出条痕，而和田玉不易刻划出痕迹。强光源观察蛇纹石玉中的黑色矿物多为絮状结构，而和田玉中的黑色矿物多为片、点状结构。

蛇纹石玉与和田玉实例对比

蛇纹石玉摆件

黄玉竹节挂坠

蛇纹石玉的颜色为黄绿色，跟和田玉（黄玉）相似，但光泽呈现蜡状光泽，和田玉（黄玉）呈油脂光泽，比较温润。

蛇纹石玉原石

黄玉原料

此蛇纹石玉原石为黄色，呈玻璃光泽，与和田玉（黄玉）的油脂光泽有明显区别。

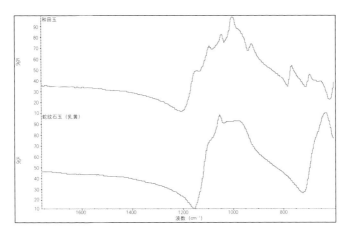

和田玉（蓝线）与蛇纹石玉（红线）红外光谱（反射谱）

❖ 独山玉

　　独山玉是一种黝帘石化斜长岩，其组成矿物较多，主要矿物是斜长石（钙长石）和黝帘石，次要矿物为翠绿色铬云母、浅绿色透辉石、黄绿色角闪石、黑云母，还有少量的榍石、金红石、绿帘石、阳起石、白色沸石、葡萄石、褐铁矿等。化学式是钙长石 $CaAl_2Si_2O_8$，黝帘石 $Ca_2Al_3(SiO_4)_3(OH)$。独山玉的化学组成变化较大，随其组成矿物含量的变化而变化。独山玉常见白、绿、蓝绿、黄、褐、黑等色，单一色调的原料及成品较少，玻璃光泽，半透明至不透明，细粒状结构，可见蓝色或紫色色斑，无解理。折射率点测多为1.60左右，密度一般为2.90克/厘米³，摩氏硬度为6～7。独山玉的密度、摩氏硬度、折射率都与和田玉相似，但是独山玉为玻璃光泽，而和田玉为油脂光泽。独山玉的质地细腻程度比和田玉差，而且颜色分布比和田玉杂乱，因为独山玉的矿物组成太复杂了，基本上见不到颜色单一的独山玉成品。

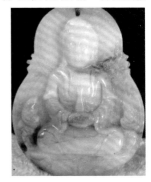

独山玉观音挂件

独山玉原料

独山玉的矿物组成比较复杂，在同一块玉料上会出现多种颜色。若大师雕刻时能很好地运用俏色雕刻，处理恰到好处，则会让原料增色。

侯庆军·独山玉溪山清远摆件　　　　侯庆军·独山玉畅游摆件

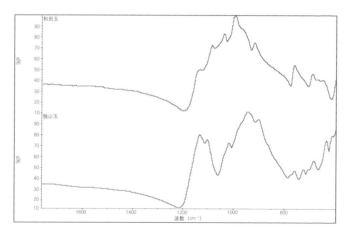

和田玉（蓝线）与独山玉（红线）红外光谱（反射谱）

❖ 玻璃

作为仿宝石的玻璃主要是由二氧化硅（石英的成分）和少量碱金属元素的氧化物组成的，是一种非结晶态的固体物质。颜色极其丰富，可以根据所需的颜色生产，玻璃光泽，微透明至透明，内部常见气泡，折射率多为1.50或1.51，单折射，密度常为2.50克/厘米^{3}左右。摩氏硬度5，断口为贝壳状。

玻璃用来仿白玉很像，颜色为乳白色，在行业中称之为"料器"。一些玻璃仿造出来的白玉，如果没有仔细鉴别，确实也很容易蒙混过关。玻璃的光泽与和田玉的光泽不同，透明度高于和田玉，容易区分。它的密度是2.5克/厘米^{3}左右，玻璃具有贝壳状断口。玻璃仿冒品多为模具倒出，棱角非常圆滑，难以看到雕刻痕迹。同样用手掂一掂，感觉比和田玉轻一点，而且玻璃整体看上去会有比较呆滞的感觉，整个显得非常均匀，又因为是人造的，所以内部往往会有气泡，有时可见表面有半圆凹坑，这是区别和田玉的重要标志。

玻璃与和田玉实例对比

玻璃仿墨玉子料

墨玉子料

此玻璃仿制和田玉（墨玉），颜色黑白分明，过渡极不自然，呈玻璃光泽；墨玉黑色与白色交融，质地温润，呈油脂光泽。

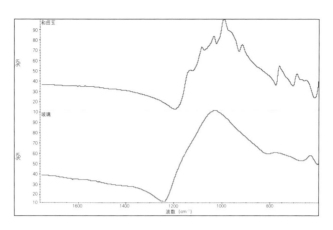

和田玉（蓝线）与玻璃（红线）红外光谱（反射谱）

❖ 玉髓

　　玉髓是超显微隐晶质石英集合体，多呈块状产出。单体呈纤维状，杂乱或略定向排列，粒间微孔内充填水分和气体。可含Fe、Al、Ca、Ti、Mn、V等微量元素或其他矿物的细小颗粒。根据颜色和所含其他矿物，玉髓又可细分为白玉髓、红玉髓、绿玉髓、蓝玉髓几个品种。化学组成主要是SiO_2，玻璃光泽，微透明到半透明，隐晶质结构，折射率点测多为1.53或1.54。密度为2.65克/厘米^{3}左右。摩氏硬

玉髓及原料

蓝玉髓戒面

度为6.6~7.0，断口为参差状。

　　绿色玉髓外观上与绿色软玉相似，这是因为玉髓本身为隐晶质石英，颗粒极为细小。肉眼鉴定软玉与玉髓的区别：玉髓制品多为玻璃光泽；玉髓制品有较高的透明度；玉髓制品手掂较轻，且玉髓的折射率、密度低于软玉，而硬度却大于软玉。

蓝玉髓手镯

绿玉髓

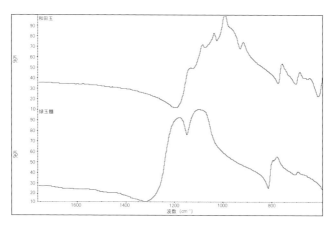

和田玉（蓝线）与绿玉髓（红线）红外光谱（反射谱）

和田玉与相似玉石的特征比较

玉石名称	主要组成矿物	密度／（克／厘米³）	折射率（点测法）	摩氏硬度	断口	光泽	结构特征
和田玉	透闪石、阳起石	2.90～3.10	1.60～1.61	6.0～6.5	参差状	油脂光泽	细的纤维交织结构，毛毡状结构
石英岩玉	石英	2.55～2.71	1.54	6.5～7.0	参差状	玻璃光泽	粒状结构
蛇纹石玉	蛇纹石	2.44～2.80	1.56～1.57	2.5～5.5	参差状	蜡状光泽	叶片状、纤维状结构
独山玉	钙长石、黝帘石	2.90	1.60	6～7	参差状	玻璃光泽	细粒状结构
大理石玉	方解石为主	2.65～2.75	1.50	3	参差状	玻璃光泽	粒状结构
玉髓	石英	2.65	1.54	6.6～7.0	参差状	玻璃光泽	隐晶质结构
东陵石	石英	2.64～2.71	1.54	6.5～7.0	参差状	玻璃光泽	粒状结构
玻璃	二氧化硅	2.50	1.51	4.5～5.5	贝壳状	玻璃光泽	非晶质，有时内部见气泡

和田玉的评价

　　我国是制作玉器历史最悠久、经验最丰富、延续时间最长的国家。据考古发掘的材料表明，我国早在距今七千多年前的新石器时代就已经利用天然玉料制作精细的工具和装饰品。后来，采用的玉料逐渐精选，雕琢的技术不断提高，制作的工艺日趋完美。我们常说的中国五千年玉文化一般指的就是"和田玉"。

　　现在，和田玉主要用十雕刻，做成各种雕件、挂牌、手镯等饰品。和田玉原料按产出环境分为山料、子料和山流水料。其质地以子料为最佳，这种料呈卵石状，是原生矿（山料）经风化、搬运、冲积至河床处的产物。而山料是原生矿，呈棱角状的外形，一般油润性及韧性稍差。品质等级是作为相对价值的指标，品质和价值并没有一一对应的关系。和田玉的结构、透明度、光泽、绺裂、瑕疵等因素构成了和田玉的特征。由于组成和田玉的矿物颗粒较细，肉眼看不到颗粒，只有在显微镜下才能看出其晶形，一般呈纤维状、毛毡状交织在一起，因此其结构非常细腻，韧性好。对和田玉的评价要从质地、颜色、光泽、块度、净度、透明度、工艺这七个方面考虑。

❖ 质地

质地是指组成和田玉的矿物颗粒大小、形状、均匀程度及其相互关系的综合表现。高质量的和田玉质地要求其组成矿物透闪石具细小的纤维状、毛毡状结构，而且应致密、细腻、坚韧、光洁、油润、无瑕、无绺、无裂，而低质量的和田玉对质地的要求则要有所降低。上好的白玉，目视之是软软的，手抚之是温润的，试质地是坚硬的。这里，"温润"的"温"指玉对冷热所表现的惰性，冬天摸之不冰手，夏天摸之不感热。还有一层意思，即色感悦目；"润"指玉的油润度，玉液可滴。和田玉根据其质地的高低可分为特级、一级、二级、三级、四级共五个级别。

特级：油脂光泽，很柔和，滋润感很强，致密纯净，质地细腻均一，半透明或微透明，无绺裂、无杂质、无瓷性。

一级：油脂光泽，柔和，滋润感很强，致密纯净，质地细腻，半透明或微透明，无绺裂、无杂质、无瓷性。

二级：油脂或蜡状光泽，滋润感较强，较致密纯净，质地较细腻，透明度差或过于透明，少杂色、绺裂、杂质、瑕疵。

三级：油脂或蜡状光泽，滋润感较强，不纯净，有杂色、绺裂、杂质、瑕疵。

四级：油脂或蜡状光泽，无滋润感，不纯净，质地很粗糙，透明度很差，多杂色、绺裂、杂质、瑕疵或瓷性大。

和田玉在细腻滋润方面的缺陷最难判别，往往凭感觉。如"阴"，指玉有阴暗的感觉；"油"，指非凝脂的油性感觉，但有"油性"的比没有"油性"的又强得多；"嫩"，指透明度虽高，但没有"灵气"，也就是说光泽不强；"干"，即不润，没有透明感；"瓷"，如瓷器一样，可以很白，但只有瓷光泽，没有"灵气"。

白玉吉祥如意

此如意于2009年获天工奖银奖，2010年获百花奖金奖。

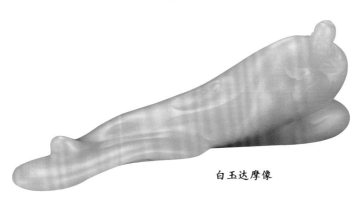

白玉达摩像

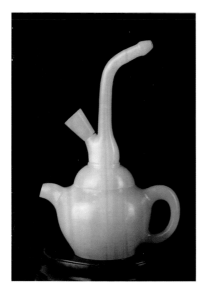

白玉水烟壶

水烟壶是我国传统的吸烟用具。它将生活的实用性与工艺制作的艺术性相结合，形成了传统文化遗存的独特品种。此水烟壶，以上好的白玉制成，琢磨光润，比较少见。

❖ 颜色

　　颜色是影响软玉质量最重要的因素，在各类颜色中以白玉中的羊脂白为最珍贵。颜色要从色调、浓度、纯度、均匀度四个方面进行观察分析，颜色色调要正，不偏色，无杂色；浓度的评价是对颜色色彩饱和度而言的，要求浓淡适宜；纯度的评价，一般是越纯正越好，偏色时则较差，如绿色，以正绿为最好，灰绿、蓝绿均较差；均匀度要求颜色要均匀一致；所以和田玉颜色要么洁白、要么浓艳，除羊脂白外，纯正的黄色、绿色、黑色也为上品，就如"白如截脂"、"黄如蒸栗"、"青如苔癣"、"绿如翠羽"、"墨如纯漆"。

　　和田玉的颜色与其主要组成矿物有着密切的关系，例如当组成矿物主要为白色透闪石时，玉石颜色呈白色即为白玉；当阳起石中Fe对透闪石中Mg的类质同象增加，和田玉就会呈现出深浅不一的青绿色，即我们常见的青玉、青白玉等。一般来说，以羊脂白玉、白玉、黄玉为佳，青白玉、碧玉、墨玉次之，糖玉、青玉再次之。

墨玉一鸣惊人把件

和田玉套牌

此套牌有墨玉、白玉、黄玉，玉质上乘，温润细腻，雕刻精细，于2012年获天工奖银奖。

和田玉饰品颜色级别划分标准：

特级：颜色色调正，无偏色，无杂色，颜色均匀，颜色色彩要清爽、亮丽，颜色饱和度浓淡适宜，俏色搭配合理。

一级：颜色色调正，稍偏色，无杂色，颜色基本均匀，颜色色彩要清爽、亮丽，颜色饱和度适宜，俏色基本搭配合理。

二级：颜色偏色，有杂色，颜色不均匀，颜色色彩较暗淡，颜色饱和度偏低，俏色基本搭配勉强。

三级：颜色明显偏色，颜色杂乱不均匀，颜色色彩暗淡，颜色饱和度偏低，俏色基本搭配不合理。

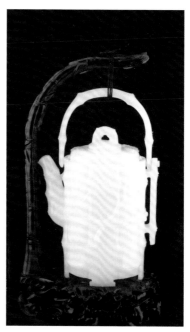

羊脂白玉竹节提梁壶

❖ 光泽

和田玉大多为油脂光泽，这种光泽很柔和，使人看着舒服，摸着润美，若油脂中透着清亮，则为最佳光泽，其次为油脂光泽至玻璃光泽、蜡状光泽。和田玉所谓"温润而泽"就是因为它的光泽带有很强的油脂性，给人以滋润的感觉。特别是和田玉中的羊脂玉就是因为有着像羊的脂肪一样滋润的光泽而闻名天下。因此，好的和田玉要求具有好的油脂光泽，油脂光泽的程度不好，光泽干涩者其价值将明显下降。

白玉信马由缰把件
2013年获天工奖金奖。白玉呈油脂光泽，十分温润。

❖ 块度

块度的大小即指玉材的重量，它是评价和田玉玉器质量的一个重要标准。块度越大越好，要求完整、无裂，但在颜色、质地、透明度、加工工艺相同或相近的情况下，重量或尺寸越大，价值越高，同时带皮的子料价值较高，其次为山流水和山料。

白玉子料沙漠之舟把件

原料形状的好坏，对加工成品的选择会有限制，而且对原料的利用率也会有一定的影响，所以对和田玉的价格会产生一些影响，尤其是子料，而且形状好坏会直接影响销售价格。一般来说，块度大、形状规则的原料，如方形、板状、近圆形等，就比较好；而片状、楔形、条形就不太好。

白玉曲水流觞牌
2010年获天工奖金奖，获百花奖金奖。

✤ 净度

　　和田玉要求杂质越少越好，和田玉的杂质主要包括石花、玉筋、石钉、黑点和绺裂等，影响着和田玉的品质和出成率。质量上乘的和田玉要求无杂质、无裂纹，即净度越高，价值也越高。杂质与周围的玉界线分明的叫"死石"，界线不清的叫活石，它有"石钉"、"石花"、"石线"、"米星点"等形态，加工时尽可能挖去。

✤ 透明度

　　透明度是指玉石允许可见光透过的程度。一般来讲透明度高的也叫作水头足，虽然水头足可以烘托玉石的质地、颜色，但并非所有透明度高的都是好玉。和田玉在一般厚度下透明度不高，多为半透明到不透明，虽然能够透过光线，但看不清背后物体，这种透明度增强了和田玉光泽的温润之感，故而和田玉器在雕刻时不宜琢制太薄。和田玉的透明度可划分为半透明、微透明和不透明三级。和田玉以半透明–微透明为佳，若呈蜡状光泽，透明度差或过于透明，则次之。

❖ 工艺

和田玉主要用来制作玉雕工艺品，工艺的好坏直接决定着和田玉成品的价格，行内称"三分原料七分工"，好的玉料必须有好的工艺才能将玉石的完美充分体现出来。工艺指玉石题材、成品的比例、线条流畅、雕刻抛光的精细程度等各种因素的综合，主要有以下几点。

1. 所选题材应与原料融为一体，充分利用原料每一个特点，极大限度地将玉石的美表达出来。

2. 玉雕饰品的构图布局合理、层次分明，主题突出，线条及比例是否和谐、统一，特别是一些人像、花卉等图案是否符合题材的表达要求，做到造型优美生动，设计创意、构思巧妙新颖，雕工是否简洁有力或圆润，线条是否大方、清晰、流畅和富有表达力。

3. 和田玉常常出现两种以上颜色，如带有皮色、糖色时，颜色的搭配好，俏色利用是否恰当、绝妙或新颖可使作品增色，甚至价值倍增。对一些瑕疵的处理是否恰到好处，达到了挖脏去绺的目的。俏色是玉雕工艺的一种艺术创造，是根据玉石的天然颜色和自然形体"按料取材"、"依材施艺"进行创作的。一件上佳俏色作品的创作难度很大，其价值也很高。在评价俏色利用方面，可以根据"一巧、二俏、三绝"这三个层次分析。对颜色不协调、不伦不类的玉器进行评价时，要充分认识到那不是俏，反成为"拙"了，不但不增值，反而会贬值。

4. 玉器的抛光是否精细、光滑，不刮手。抛光以有流动感水光为最佳，油光其次，蜡光更次之，亚光最差。

评价时应将上述几点进行综合考虑，为评价方便，我们将市场上和田玉的工艺好坏划分为精致、好、一般、差四个等级。工艺精致指上述四项均达到；好是指上述诸条件有1～2项达不到者；一般则有2～3项达不到指标；差则1项指标也未达到。

对和田玉的评价除了要考虑质地、颜色、光泽、块度、净度、透明度、工艺七个方面，还要考虑另外两点，就是产地和产出环境（产状）。

产地：在确定和田玉的价值时，产地所起的作用非常重要，目前市场上销售的和田玉主要产地来源有中国（主要包括新疆、青海、辽宁）、俄罗斯、加拿大、韩国等国家。各产地和田玉在矿物成分、结构构造、物理性质等特征上基本相同。但由于矿物结晶颗粒的粗细以及所含微量元素不同，导致在颜色、透明度、质地上存在细微差异。一般来说，在质地、颜色、块度等条件都相似的情况下，和田玉的市场价格高低依次为新疆料、俄罗斯料、青海料，正常情况下，原料价格前者比后者高几倍甚至十几倍。

产出环境（产状）：分为原生矿（山料）与次生矿（山流水料、子料、戈壁料）两类。一般来说，在质地、颜色、质量等条件都相似的情况下，和田玉的市场交易价格高低依次为子料、山流水料、戈壁料、山料。

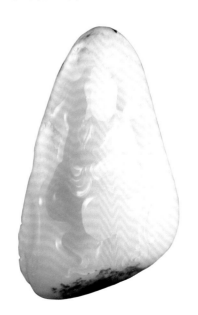

白玉子料观音把件

白玉瓶

此瓶于2012年获天工奖银奖。

**青花子料
嫦娥奔月摆件**

白玉秋意提梁壶

此提梁壶于2006年获天工奖银奖，获百花奖银奖。

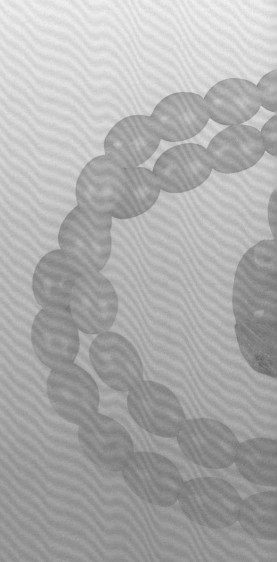

淘宝实战

和田玉的市场行情

　　20世纪90年代以前，和田玉的开采、加工、销售主要以国营为主。关于和田玉的开采，新疆南疆各县包括玛纳斯县都在县工商信用联社下成立了玉石矿，负责开采。和田地区民间百姓捡到或者挖到的和田玉子料，都由和田地区工艺美术公司统一收购。和田玉原料的加工，主要集中在北京、苏州、扬州等地的玉雕厂，当时也都属于国有企业，产品主要是以摆件如山子、器皿类为主，大多数出口国外，以换取宝贵的外汇资源。原料销售，都是由政府专控，除新疆工艺美术公司的相关单位以外，其他人无权销售；一般是根据北京、苏州、扬州等地玉雕厂的需求，按计划分配。和田玉出疆需要"出疆证"，没有此证，一律按照走私论处，公安部门有权力没收所有货物。

　　当时需要的原料主要是3千克以上的山料，小的原料因为做不了大件器物，大部分弃之不用。据一位玉雕界的前辈介绍，有一年他们来新疆买一批新疆且末的3吨糖白玉山料，当时的价格15元每千克，但有一个附加条件就是必须把当时工美公司收购的9麻袋小块子料搭给他，如果不要这些子料，山料也不卖给他。这让现在的人看起来，简直近乎"白痴"的行为，但当时的行情就是这样。

　　20世纪90年代后期，和田玉的销售开始逐步进入市场化，1994年前后，新疆各地的玉石矿除叶城县和于田县以外，大多数私有化；由工艺美术公司专控的玉石原料销售也全面放开，"出疆证"制度也取消了。新疆，主要是乌鲁木齐开始出现了和田玉专卖店，但主力军还是国有的综合性商场。

据2000年的统计数据，当时的乌鲁木齐包括综合性商场在内，和田玉专卖店总共不超过50家；在内地除上海、扬州、苏州外，其他地方和田玉专卖店也是寥寥无几。

时至今日，全国各地珠宝玉石专卖市场蓬勃兴起，除北京、上海、广州、深圳等一线城市外，其他如河南南阳、广东揭阳、安徽蚌埠、辽宁阜新等地专业珠宝市场如雨后春笋，其中和田玉占有相当的比例；仅乌鲁木齐市目前有大的和田玉专卖市场30多处，在工商注册的经销商4000多家，未注册的经销户达到了12000多户。

和田玉的价格，在国家统购统销政策放开以前，一直是按照当时新疆工艺美术公司定的等级，统一收购价收购，这个价格一直到1995年之前几乎没有什么变动；统购统销政策放开以后，到2003年上半年之前，和田玉市场一直比较低迷，价格虽稍有涨高，但主要还是参考这张表格，涨幅不是很大。

2003年的"非典事件"可以说是和田玉市场剧烈变动的一个转折点。2003年上半年由于受"非典"的影响，乌鲁木齐很多家专卖店都已关门歇业。下半年"非典事件"结束后，和田玉的销售突然如井喷似的爆发，令很多经销商措手不及。记得当时新疆有一家和田玉专卖店，200多平方米的店面，有段时间平均每天销售和田玉牌子就达60件之多。随着销售的拉动，和田玉的价格也随之猛涨，当时可以说是一个星期一个价格一点都不为过。

2011年11月，由新疆和田玉交易中心、新疆产品质量监督检验研究院、新疆岩矿宝玉石质量监督检验站和新疆珠宝玉石首饰行业协会共同发起的新疆和田玉价格信息联盟成立，该联盟在广泛收集和田玉子料交易价格信息的基础上，制定了和田玉（白玉）子料分等定级的标准，并面向社会发布了新疆和田玉（白玉）子料价格参考信息。该信息的发布在市场上引起了极大的反响，对新疆乃至全国和田玉市场的发展起到了积极的推动作用，对稳定和田玉市场价格起到了重大的支持作用。

附表一：

新疆和田玉（白玉）子料2011年11月标准单位价值行情参考范围

（单位：元/克）

加工级	200克以下	200～500克	500～1000克	1～2千克
特级加工料（有聚皮）	6000～8000	4000～6000	3000～4000	2000～3000
特级加工料（无聚皮）	4000～6000	3000～4000	2000～3000	1500～2000
一级加工料	2500～4000	2000～3000	1500～2000	1200～1500
二级加工料	1500～2500	1500～2000	1000～1500	900～1200
加工级	2～3千克	3～5千克	5～10千克	10千克以上
特级加工料（有聚皮）	1500～2000	1400～1500	1300～1400	1200～1300
特级加工料（无聚皮）	1400～1500	1300～1400	1200～1300	1100～1200
一级加工料	1100～1400	1000～1300	900～1200	800～1100
二级加工料	800～1100	700～1000	600～900	600～800

　　这种价格涨势一直持续到2011年底至2012年中，随着国家经济形势持续低迷，除高端产品外，中低端和田玉的价格也开始逐渐回落，与2012年相比差不多有20%左右的降幅。

附表二：

新疆和田玉（白玉）子料2013年7月标准单位价值行情参考范围

类别：收藏级 (单位：元/克)

等级及标识	子料重量				与上期对比	
	200克以下	200~500克	500~1000克	1~2千克	价格	交易量
顶级收藏料 等级标识： 收藏3A	20000~30000	15000~20000	9000~15000	7000~9000	±5%出现振幅	交易量持平
特级收藏料 等级标识： 收藏2A	10000~16000	8000~13000	7000~9000	5000~7000	±5%出现振幅	交易量持平
优质收藏料 等级标识： 收藏1A	4500~9000	3500~5000	2700~4000	2200~3500	−10%价格下跌	交易量持平
等级及标识	子料重量				与上期对比	
	2~3千克	3~5千克	5~10千克	10千克以上	价格	交易量
顶级收藏料 等级标识： 收藏3A	5000~7000	4000~5000	3000~4000	/	±5%出现振幅	交易量持平
特级收藏料 等级标识： 收藏2A	4000~5000	3000~4000	2000~3000	1800~2500	±5%出现振幅	交易量持平
优质收藏料 等级标识： 收藏1A	1800~2800	1300~2200	1100~1400	900~1200	−10%价格下跌	交易量持平

类别：优质加工料 （单位：元/克）

等级及标识	子料重量				与上期对比	
	200克以下	200～500克	500～1000克	1000～2000克	价格	交易量
顶级加工料 等级标识：优质3A	6000～10000	5000～7000	4000～5000	3000～4000	±5%出现振幅	交易量持平
特级加工料 等级标识：优质2A	4000～6000	3000～5000	2500～4000	2000～3000	±5%出现振幅	交易量持平
优质级加工料 等级标识：优质1A	1800～3500	1300～2300	1100～1500	1000～1300	−10%价格下跌	交易量持平

等级及标识	子料重量				与上期对比	
	2000～5000克	5000～10000克	10千克以上	/	价格	交易量
顶级加工料 等级标识：优质3A	2000～3000	1500～2000	1200～1500	/	±5%出现振幅	交易量持平
特级加工料 等级标识：优质2A	1500～2000	1200～1500	900～1200	/	±5%出现振幅	交易量持平
优质级加工料 等级标识：优质1A	800～1100	600～800	500～600	/	−10%价格下跌	交易量持平

类别：普通加工料 （单位：元/克）

等级及标识	子料重量				与上期对比	
	200克以下	200～500克	500～1000克	1000～2000克	价格	交易量
普通一级加工料等级标识：普通3A	600～900	500～700	400～600	350～450	−20%价格下跌	交易量减少

	200~500	160~400	140~250	110~180		
普通二级加工料等级标识：普通2A⁻	200~500	160~400	140~250	110~180	−20%价格下跌	交易量减少
等外级加工料等级标识：普通1A⁻	/	/	/	/	/	/

等级及标识	子料重量				与上期对比	
	2000~5000克	5~10千克	10千克以上	/	价格	交易量
普通一级加工料等级标识：普通3A⁻	300~400	200~300	150~200	/	−20%价格下跌	交易量减少
普通二级加工料等级标识：普通2A⁻	100~150	80~120	60~100	/	−20%价格下跌	交易量减少
等外级加工料等级标识：普通1A⁻	/	/	/	/	/	/

附表三：

新疆和田玉（白玉）子料2014年12月标准单位价值行情参考范围

类别：收藏级 （单位：元/克）

等级及标识	发布时间	子料重量					与上期对比	
		20克以下	20~200克	200~500克	500~1000克	1000~2000克	价格	交易量
顶级收藏料等级标识：收藏3A	9月	1万~2万	2万~3万	1.5万~2万	9000~1.5万	7000~9000	±10%~15%	交易量极少
	12月	1万~2万	2万~3万	1.5万~2万	9000~1.5万	7000~9000	持平	交易量极少

等级及标识	发布时间						价格	交易量
特级收藏料 等级标识：收藏2A	9月	5000~1万	1万~1.6万	8000~1.3万	7000~9000	5000~7000	±10%~15%	交易量极少
	12月	5000~1万	1万~1.6万	8000~1.3万	7000~9000	5000~7000	持平	交易量极少
优质收藏料 等级标识：收藏1A	9月	3000~5000	4500~9000	3500~5000	2700~4000	2200~3500	±10%~15%	交易量极少
	12月	3000~5000	4500~9000	3500~5000	2700~4000	2200~3500	持平	交易量极少

等级及标识	发布时间	子料重量					与上期对比	
		2~3千克	3~5千克	5~10千克	10千克以上	/	价格	交易量
顶级收藏料 等级标识：收藏3A	9月	5000~7000	4000~5000	3000~4000	/	/	±10%~15%	交易量极少
	12月	5000~7000	4000~5000	3000~4000	/	/	持平	交易量极少
特级收藏料 等级标识：收藏2A	9月	4000~5000	3000~4000	2000~3000	1800~2500	/	±10%~15%	交易量极少
	12月	4000~5000	3000~4000	2000~3000	1800~2500	/	持平	交易量极少
优质收藏料 等级标识：收藏1A	9月	1800~2800	1300~2200	1100~1400	900~1200	/	±10%~15%	交易量极少
	12月	1800~2800	1300~2200	1100~1400	900~1200	/	持平	交易量极少

类别：优质加工料　　　　　　　　　　　　　　（单位：元/克）

等级及标识	发布时间	子料重量				与上期对比	
		20克以下	20～200克以下	200～500克	500～1000克	价格	交易量
顶级加工料等级标识：优质3A	9月	2450～4350	4850～7200	4050～4800	3150～3600	区间最低价下跌10% 区间最高价下跌20%	交易量极少
	12月	2450～4350	4850～7200	4050～4800	3150～3600	持平	交易量极少
特级加工料等级标识：优质2A	9月	1450～2600	2900～3850	2250～3200	1800～2550	区间最低价下跌10% 区间最高价下跌20%	交易量少
	12月	1450～2600	2900～3850	2250～3200	1800～2550	持平	交易量少
优质级加工料等级标识：优质1A	9月	590～1000	1100～2250	800～1200	600～1000	区间最低价下跌10% 区间最高价下跌20%	交易量少
	12月	590～1000	1100～2250	800～1200	600～1000	持平	交易量少
等级及标识	发布时间	子料重量				与上期对比	
		1～2千克	2～5千克	5～10千克	10千克以上	价格	交易量
顶级加工料等级标识：优质3A	9月	2500～2800	1600～2200	1200～1450	1000～1100	区间最低价下跌10% 区间最高价下跌20%	交易量极少

顶级加工料 等级标识：优质3A	12月	2500～2800	1600～2200	1200～1450	1000～1100	持平	交易量极少
特级加工料 等级标识：优质2A	9月	1450～2000	1100～1300	900～1000	680～800	区间最低价下跌10% 区间最高价下跌20%	交易量少
	12月	1450～2000	1100～1300	900～1000	680～800	持平	交易量少
优质级加工料 等级标识：优质1A	9月	540～650	430～520	360～400	290～320	区间最低价下跌10% 区间最高价下跌20%	交易量少
	12月	540～650	430～520	360～400	290～320	持平	交易量少

类别：普通加工料 （单位：元/克）

等级及标识	发布时间	子料重量				与上期对比	
		20克以下	20～200克	200～500克	500～1000克	价格	交易量
普通一级加工料 等级标识：普通3A⁻	9月	240～400	400～600	320～400	250～320	±10%～15%	交易量少
	12月	240～400	400～600	320～400	250～320	持平	交易量少
普通二级加工料 等级标识：普通2A⁻	9月	65～120	120～250	100～160	65～120	±10%～15%	交易量少
	12月	65～120	120～250	100～160	65～120	持平	交易量少

等级及标识	发布时间	子料重量				与上期对比	
		1~2千克	2~5千克	5~10千克	10千克以上	价格	交易量
等外级加工料 等级标识：普通1A⁻	9月	/	/	/	/	/	/
	12月	/	/	/	/	/	/
普通一级加工料 等级标识：普通3A⁻	9月	200~280	200~250	150~200	90~150	±10%~15%	交易量少
	12月	200~280	200~250	150~200	90~150	持平	交易量少
普通二级加工料 等级标识：普通2A⁻	9月	60~100	50~80	40~60	30~50	±10%~15%	交易量少
	12月	60~100	50~80	50~80	30~50	持平	交易量少
等外级加工料 等级标识：普通1A⁻	9月	/	/	/	/	/	/
	12月	/	/	/	/	/	/

注：以上所标重量标准均为相应等级的新疆和田玉（白玉）子料的原重量，在计算和田玉具体价值时应扣除杂质及绺裂部分，按净料率计算。

新疆和田玉（白玉）子料

收藏级原料：

等级	细腻度	光泽度	白度	皮色	形状
顶级收藏料（收藏3A）	玉料质地细腻度非常好，手电侧强光下无絮状结构或絮状结构非常不明显，结构均匀无杂质	玉料光泽度为油脂光泽，感观非常柔和，滋润感非常强	玉料白度非常好，达到特级羊脂白玉	玉料表皮底色为金黄色洒金状皮色，表面有非常优质的聚红皮、或非常优质的枣红皮、或非常优质的橘红皮	玉料完整饱满，形非常好
特级收藏料（收藏2A）	玉料质地细腻度很好，手电侧强光下有不明显絮状结构，阳光下肉眼观察无絮状结构，结构均匀无杂质	玉料光泽度为油脂光泽，感观很柔和，滋润感很强	玉料白度很好，达到羊脂级白玉等级	玉料有非常优质的洒金状皮色，或表皮底色大部有金黄色洒金状皮色，表面有优质的聚红皮、或优质的枣红皮、或优质的橘红皮，或局部有非常优质的黑油皮	玉料有细裂，玉整、饱满形状很好
优质级收藏料（收藏1A）	玉料质地细腻度好，手电侧强光下有絮状结构，阳光下肉眼观察有不明显絮状结构，结构均匀无杂质	玉料光泽度为油脂光泽，感观柔和，滋润感强	玉料白度好，达到羊脂级白玉以上	玉料无皮色，或有洒金状皮色，或局部有聚红皮、或枣红皮、或橘红皮、或优质的秋梨皮、或优质的虎皮、或优质的黑油皮	玉料表面小裂或小状杂质，料完整满，形状

优质加工料：

等级	细腻度	光泽度	白度	皮色	形状及其
顶级加工料（优质3A）	玉料质地细腻度非常好，手电侧强光下无絮状结构或絮状结构非常不明显，结构均匀	玉料光泽度为油脂光泽，感观非常柔和，滋润感非常强	玉料白度非常好，达到特级羊脂白玉	玉料表皮底色为金黄色洒金状皮色，表面有非常优质的聚红皮、或非常优质枣红皮、或非常优质橘红皮	玉料饱满有小裂小点状杂

等定级及价值评定表

加工	图例	
顶玉雕技艺工的顶级收料	细腻度：非常好（收藏 3A） 光泽度：非常柔和（收藏 3A） 白度：特级羊脂白（收藏 3A） 皮色：非常优质聚红皮（收藏 3A） 形状：完整饱满 产品原料原重量标准范围：200 克以下 综合评估等级：顶级收藏料（收藏 3A）	
无须玉雕技加工的特级藏料	细腻度：很好（收藏 2A） 光泽度：很柔和（收藏 2A） 白度：顶级羊脂白（收藏 3A） 皮色：优质红皮（收藏 2A） 形状：完整饱满 产品原料原重量标准范围：200 克以下 综合评估等级：特级收藏料（收藏 2A）	
无须玉雕技加工的上等收藏料	细腻度：好（收藏 1A） 光泽度：很柔和（收藏 2A） 白度：羊脂级白（收藏 2A） 皮色：优质红皮（收藏 2A） 形状：完整饱满 其他：表皮有点状杂质 综合评估等级：优质级收藏料（收藏 1A）	

加工	图例	
需要玉雕技加工的顶级工料	细腻度：非常好（优质 3A） 光泽度：非常柔和（优质 3A） 白度：特级羊脂白（优质 3A） 皮色：非常优质（优质 3A） 形状：很好 其他：有裂口和点状杂质 产品原料原重量标准范围：200 克以下 综合评估等级：顶级加工料（优质 3A）	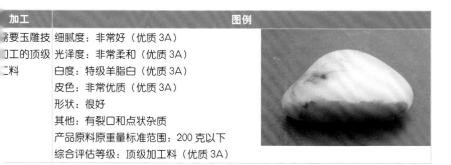

等级	细腻度	光泽度	白度	皮色	形状及其
特级加工料（优质 2A）	玉料质地细腻度很好，手电侧强光下有不明显絮状结构，阳光下肉眼观察无絮状结构，结构均匀	玉料光泽度为油脂光泽，感观很柔和，滋润感很强	玉料白度很好，达到羊脂级白玉等级	玉料表皮有非常优质的洒金状皮色，或玉料表皮底色大部为洒金状皮色，表面有优质的聚红皮、或优质的枣红皮、或优质的橘红皮，或局部有非常优质的黑油皮	玉料饱满有浅裂□杂质
优质级加工料（优质1A）	玉料质地细腻度好，手电侧强光下有絮状结构，阳光下肉眼观察有不明显絮状结构，结构均匀	玉料光泽度为油脂光泽，感观柔和，滋润感强	玉料白度好，或泛浅灰、或泛浅青，达到白玉等级	玉料表皮无皮色，或有洒金状皮色，或局部有聚红皮、枣红皮、橘红皮，或优质的黑油皮、或优质的虎皮、或优质的秋梨皮	玉料有裂或杂质

普通加工料：

等级	细腻度	光泽度	白度	皮色	形状及其
普通一级加工料（普通3A⁻）	玉料质地细腻度较好，手电侧强光下有明显絮状结构，阳光下肉眼观察有絮状结构，结构均匀	玉料光泽度为油脂或有少许蜡状光泽，滋润感尚好	玉料白度尚好，或泛灰或泛青，达到白玉等级	玉料表皮有洒金皮、或红皮、或黑油皮、或虎皮、或秋梨皮	玉料有裂或杂质
普通二级加工料（普通2A⁻）	玉料质地细腻度尚可，室内正常光线下有絮状结构，阳光下肉眼观察有明显絮状结构	玉料光泽度为油脂或蜡状光泽	白度尚可或偏灰、或偏青，达到白玉等级	无优质皮色	玉料或有质或裂□玉料结构匀性不好
普通三级加工料（等外级加工料）（普通1A⁻）	玉料质地细腻度差，室内正常光线下肉眼观察有明显絮状结构，玉质结构不均匀	玉料光泽度为蜡状光泽	白度欠	无优质皮色	玉料有裂和杂质

加工	图例	
需要玉雕技巧工的上等门工料	细腻度：非常好（优质 3A） 光泽度：非常柔和（优质 3A） 白度：特级羊脂白（优质 3A） 皮色：洒金皮（优质 2A） 形状：很好　其他：有僵 产品原料原重量标准范围：200 克以下 综合评估等级：特级加工料（优质 2A）	
需玉雕技艺工的中上等门工料	细腻度：好（优质 1A） 光泽度：柔和（优质 1A） 白度：羊脂级白（优质 2A） 皮色：洒金状　形状：好 其他：有裂口 产品原料原重量标准范围：200 克以下 综合评估等级：优质级加工料（优质 1A）	

加工	图例	
需要玉雕技工的中等门工料	细腻度：好（优质 1A） 光泽度：尚好（普通 3A） 白度：白玉级泛灰（普通 3A） 皮色：有皮色（普通 3A） 形状：尚好　其他：有裂口 产品原料原重量标准范围：200 克以下 综合评估等级：普通一级加工料（普通 3A⁻）	
需要玉雕技工的中下等加工料	细腻度：尚可（普通 2A） 光泽度：尚可（普通 2A） 白度：白玉级偏青（普通 2A） 皮色：有（普通 2A） 形状：尚好　其他：有裂口 产品原料原重量标准范围：200 克以下 综合评估等级：普通二级加工料（普通 2A⁻）	
需玉雕技艺工但无玉艺加工价的等外级加工料	细腻度：差（普通 1A⁻） 光泽度：欠（普通 1A⁻） 白度：欠（普通 1A⁻） 皮色：有（普通 2A） 形状：尚好　其他：有裂口 产品原料原重量标准范围：200 克以下 综合评估等级：普通三级加工料（普通 1A⁻）	

碧玉福寿纹瓶

和田玉集散地和淘宝地

改革开放以后，伴随着和田玉原料需求的增加及供应量的不足，1995年以后，原料市场已经基本放开了。

近年来，内地有许多商人前往新疆这个矿产资源丰富的地区淘金，大量收购和田玉原料，带出新疆后加工出售，使得和田玉市场更加繁荣。

和田玉市场和其他贸易市场一样，也是随着时代的变化而变化，"战乱时藏金"、"和平繁荣时代藏玉"。虽然和田玉市场因"古玉石之路"的形成而相当繁荣，但其中也几度兴衰。和田玉真正形成庞大的市场，历史至今最繁荣昌盛的时代是20世纪90年代后的现在。

目前在新疆、青海、北京、上海、广州、江苏、安徽、河南等地都形成了一定规模的和田玉交易市场。

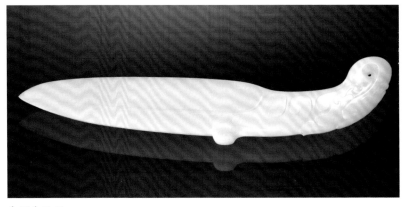

和田白玉刀

❖ 新疆

就新疆和田玉市场来说，主要有乌鲁木齐、和田、喀什、巴音郭楞蒙古自治州、玛纳斯等市场。

乌鲁木齐

乌鲁木齐是新疆维吾尔自治区的首府，位于天山北麓，环山带水，沃野广袤。"乌鲁木齐"，意为"优美的牧场"。

乌鲁木齐是世界上离海洋最远的城市，也是亚洲的地理中心。城区面积62平方千米，聚居着近300万各族同胞，是新疆政治、经济、文化的中心。

乌鲁木齐的大规模开发始于清代乾隆二十年（1755）。清政府鼓励屯垦，减轻粮赋，乌鲁木齐成为"繁华富庶，甲于关外"的地方。清军于乾隆二十三年（1758）在今南门外修筑一座土城，就是乌鲁木齐城池的雏形；后来到了乾隆二十八年（1763），又把旧土城向北扩展，竣工时，乾隆赐名"迪化"。清光绪十年（1884）新疆建省，清政府设在新疆的军政管理中心由伊犁转到迪化，迪化成为省会。

1949年，新疆和平解放，迪化市人民政府成立。1954年2月1日，迪化正式恢复使用原名乌鲁木齐。现在，这座具有1300多年悠久历史的城市已经是一座现代化的大都会，市中心的红山是它的标志。

华凌国际珠宝玉石城

华凌国际珠宝玉石城内部

现在的乌鲁木齐，是新疆的和田玉经销、加工中心，和田玉专卖店、和田玉会所和和田玉交易市场可以说是星罗棋布。据不完全统计，目前乌鲁木齐的和田玉市场可以划分为友好路和克拉玛依路、中山路－人民路、大巴扎、华凌国际玉器城等四大商圈，有较为集中的和田玉市场三十几个，在工商注册商户4000多家，市场内未注册商户12000多家。

较大的几个市场：华凌国际玉器城、新疆和田玉信息联盟交易中心（原新疆玉雕厂）、名家玉器古玩城、红山玉器城、新疆玉都、珍宝楼、新疆玉器城、大巴扎、民街、二道桥市场等。

华凌国际玉器城是乌鲁木齐最大的集和田玉批发与零售于一体的最大的交易市场，主要经营中低档的和田玉原料集成品，价格相对便宜，是初学者和有一定水平和田玉收藏爱好者的理想淘宝地，但这里鱼龙混杂，要想真正淘到称心的宝物，还是需要一定的眼力。

专业的和田玉会所和新疆和田玉信息联盟交易中心，主要经营中高档的和田玉原料及成品，是一些行家和资深收藏者淘宝的好去处。

大巴扎、民街和二道桥市场则主要是来新疆旅游者购买和田玉纪念品的好去处。

和田

和田位于新疆最南端，古称"于阗"，藏语的意思为"产玉石的地方"，是丝绸之路南道上的重镇。和田地区总面积为24.8万平方千米，人口150万。其中维吾尔族占总人口的97%以上。

和田玉龙喀什市场

和田地势南高北低，南依昆仑山，北部深入塔克拉玛干沙漠。玉龙喀什河和喀拉喀什河源于昆仑山，在沙漠深处交汇成和田河，最后北流入塔里木河。和田河是纵穿塔克拉玛干沙漠的捷径，是沙漠探险旅游的理想线路。北流入沙漠的还有克里雅河、尼雅河、牙通古孜河等。

和田是全国最著名的和田玉产区，主要产出子料和田玉。这里可以说是和田玉收藏者心目中的"圣地"，作为一个和田玉爱好者，如果一辈子不去一趟和田"朝圣"，那将会是终生的遗憾。和田地区的市场主要集中于和田市和于田县两地，主要经销和田玉子料原石，高中低档齐全，但这里和田玉加工业薄弱，市场所卖成品，绝大多数来自外地。

这里最大的两个和田玉交易市场都在玉龙喀什河岸边，当地人称"桥头市场"，这两个市场在和田玉行业内闻名遐迩。在和田市的大街上，卖玉的商贩随处可见，每逢周五、周日，整个市场，川流不息，整个和田地区的大小玉贩全部集中于此，外地观光游客，到和田也是必来此地，最多时达数万人。

这里最大的弊端就是语言不通造成淘宝的障碍，一般外地来的买家都会找一个当地的维吾尔族朋友做翻译，这样会减少不少淘宝成本。近些年和田玉价格高涨，品质好的和田玉子料越来越少，造假之风盛行，染色子料、人工磨光子料随处可见，稍不留神就会上当受骗。

和田玉龙喀什市场

喀什

喀什地处祖国的西部边陲，位于新疆的西南部，北接天山，西连帕米尔高原，南依喀喇昆仑山，东临塔克拉玛干大沙漠。全区总面积16.2万平方千米，约占新疆总面积的1/10，其中绿洲面积2.74万平方千米，占全区国土总面积的18.8%。全区总人口340.6万人，是全疆人口最多的地区。

喀什叶城县合体那与市场

喀什历史悠久，有文字记载的历史有两千多年。公元前60年，汉朝在新疆设置西域都护府，喀什当时称疏勒，作为西域的一部分，从此，正式列入祖国版图。公元74年，东汉名将班超出任西域都护，在此戍边18年之久。到唐代，这里又是著名的"安西四镇"之一的疏勒镇。直到15世纪海路开通之前，喀什作为古"丝绸之路"的交通要冲，一直是中外商人云集的国际商埠。

丝绸之路把中国文化、印度文化、波斯文化、阿拉伯文化和古希腊、古罗马文化连接起来，使喀什成为东、西方文明的交流荟萃之地。

喀什地区主要有两个产玉区：叶城县和塔什库尔干县。喀什市是一个旅游城市，没有自己的玉石加工业，主要销售和田玉原料和一些中低端成品，市场受季节影响较大，由于每年12月到次年4月不是旅游季，市场相对萧条。

喀什地区各县每周五、周日都会有玉石巴扎，每到这两天，附近县的玉石贩子都会集中到这里进行交易，大多都是和田玉原料。

巴音郭楞蒙古自治州

巴音郭楞蒙古自治州
简称巴州，首府库尔勒，
巴州位于新疆东南部，纵
横最大长度约超800千
米，行政面积48.27万平
方千米，是全国30个少数
民族自治州中行政面积最
大的州，被称为"华夏第
一州"。

和田玉且末市场

在分属天山山地、塔里木盆地东部和昆仑山、阿尔金山山地等三
个地貌区中有高山、盆地、河流湖泊、戈壁、沙漠和平原绿洲。

巴州汉初为西域36国之若羌、楼兰、且末、小宛、戎卢、尉犁、
危须、焉耆、渠犁、乌垒、山国等国所在地。西汉神爵二年（公元前
62）始设西域都护府于乌垒城。唐时设焉耆都督府，五代至宋属西州
回鹘。元时，属别失八里。明隶准噶尔。清朝乾隆年间，土尔扈特蒙
古族部落回归后被安置于珠勒都斯。清光绪十年(1984)新疆建省后，
设喀喇沙尔直隶厅，后改升焉耆府。民国期间设焉耆道，焉耆行政
区。新中国成立后成立了焉耆专员公署。1954年6月26日成立了巴音郭
楞蒙古自治州。

巴州首府库尔勒市是全州政治、经济和文化中心，城市基础设施
日臻完善。随着塔里木石油的开发，迅速崛起，经济发展较快。

巴州的和田玉市场主要集中在库尔勒、且末县和若羌县三地。且
末县和若羌县是新疆和田玉的主要产地，以产出糖白玉、黄玉著称。
这两地产出的和田玉原料以质地细腻、油润性好而受到玉雕从业者的
喜爱。

且末县和若羌县每年9月初举办一次和田玉文化节，主要进行和田
玉原料拍卖，此时商家云集，是淘和田玉原料的好时机。

玛纳斯

"玛纳斯"系古语，意为河滨有巡逻的人。

新疆玛纳斯地处新疆腹地，古称绥来，在民间以"凤凰城"之美名闻名遐迩。玛纳斯县位于北疆交通要道，素有乌鲁木齐的"西大门"之说，清乾隆年间设军台5处，驿站12处，历为东西文化交流中心，丝绸之路新北道之要冲。

玛纳斯河"金版玉底"闻名遐迩，汉、唐、清代淘金采玉盛极一时。《三州辑略》云：玛纳斯城南百余里，名清水泉（河），又西百余里，名后沟，又西百余里，名大沟，皆产绿玉。清乾隆五十四年（1789）封闭玛纳斯绿玉厂，禁止开采。

未打磨的玛纳斯碧玉手镯

玛纳斯碧玉矿主要分布在玛纳斯河上游、塔西河上游及玛纳斯河的支流清水河上游一带。上述河流里均产玛纳斯碧玉子料，一般块度都比较大。这里的主要交易市场都集中在玛纳斯县城。玛纳斯碧玉大多品质较差，比较适合做大件的器皿、山子类产品，一般小件产品很少。这使得很多的淘宝者慕名而来，失望而归。

❖ 青海格尔木

格尔木市是青海省西部的新兴工业城市,隶属海西蒙古族藏族自治州。格尔木为蒙古语,意为河流密集的地方。地处青藏高原腹部,幅员辽阔,由柴达木盆地中南部和唐古拉山乡两块互不相连、中间相隔400多千米的辖区组成。盆地辖区在柴达木盆地南沿,昆仑山北麓,平均海拔2800米,面积76663平方千米,市人民政府驻格尔木。唐古拉山乡辖区在省境西南隅,平均海拔5400米,面积49557.5平方千米。两部分辖区总面积126220.5平方千米,相当于一个福建省,是世界辖区面积最大的城市。

格尔木市场主要是一个原料集散地,以经销白玉和青玉原料而著称;当地的玉雕业相对薄弱,经销成品大多加工水平比较低。每天天刚亮到中午11点开业,一些散户手中的原料都在此交易。除此之外,很多人家里也都埋有不少玉石原料,需要时可以去家里交易。

购买白玉原料,风险相对较大,赌的成分较多,来这里淘宝,一定要有好的眼力。不少业内行家来这里淘宝都是铩羽而归,损失惨重。这里市场管理比较无序,要慎重交易。

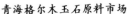

青海格尔木玉石原料市场　　　　　　　青海玉石原料市场

❖ 河南南阳

河南南阳镇平县石佛寺，应该是全国最大的和田玉交易市场。

南阳古称宛，位于河南省西南部，与湖北省、陕西省接壤。"南阳"因位于伏牛山之南，居汉水之北而得名。

镇平，古称涅阳，地处河南省西南部，南阳盆地西北侧，伏牛山南麓，总面积1500平方千米，辖区总人口94万人。镇平是国家命名的"中国玉雕之乡"、"中国地毯之乡"和"中国民间艺术之乡"。

河南的玉器制作主要集中在南阳和镇平，其中镇平是中国玉雕从业人数最多的地方，号称20万之众。

镇平县是我国最大的玉石原料和成品的集散地之一，在这里玉石加工作坊随处可见。现有国际玉城、石佛寺玉雕湾等专业批发市场，以各类中低档玉石批发为主。

近些年来，河南玉雕发展迅速，规模大，产量也非常大，可以说，河南对于中国当代玉雕产品市场的贡献也最大。能有这样突飞猛进的发展，这与河南玉雕的发展方式有关。一方面，他们"走出去"，近20年来在广东、云南、上海等地区从事玉雕加工的河南人数以十万计；另一方面，他们"请进来"，聘请江浙等地区的师傅，融合中国南北风格，对当地玉雕工艺提高大有帮助。同

河南南阳镇平县石佛寺玉器市场

时，河南的玉器营销队伍庞大，遍布全国。

河南玉雕风格主要体现浓厚乡土气息，同时产品差距也很大，大量的产品缺少艺术性。我们传统所说的"河南工"实际上是一种贬义，河南本土原创的风格少，传统模仿作品多。近年来随着整个玉雕行业的发展，河南当地的玉雕人才也是不断涌现，玉雕水平也有了很大的提高，好的玉雕作品也越来越多。

河南镇平石佛寺，既是业内人士批发进货的好地方，也是爱好者们淘宝的最佳地点。

❖ 北京

北京是我国的心脏，也是政治、文化、经济中心。这里的珠宝玉石交易市场更是不胜枚举。在北京的市场中，以潘家园最为出名，潘家园数十年来都是各行业爱好者们的淘宝圣地。古玩字画、珠宝玉器、木雕瓷器，等等，在这里可以说是应有尽有，和田玉也占有一席之地，来这里淘宝，除了要有好的眼力外，还要有好的运气，初学者尤其要格外小心，多看少买，谨慎行事，切记冲动是魔鬼！

潘家园旧货市场

在北京除潘家园外，和田玉的交易市场还有天雅古玩城、大钟寺玉器交易市场、官园玉器城、小营玉器市场等。北京的各大商场也几乎都有和田玉专柜，但一般价格较高。

北京的和田玉市场应该是收藏家淘宝的好去处，对于一般刚入门的爱好者来说，这里的东西价格相对较高，有种让人"心惊肉跳"的感觉。大多数初学者在这里都会知难而退，退避三舍。

北京天雅古玩城内

❖ 上海

上海应该是中国的另一个经济、文化中心。

上海对于和田玉行业来说，是一个大师云集之处，国家工艺美术大师、国家玉石雕刻大师、海派玉雕大师等均在上海活动，而著名大师的工作室更是数不胜数。这里主要是高端收藏者的淘宝地，一件作品动则上千万，甚至几千万，这对于一般爱好者来说，只能是望而却步。

上海大师的玉雕产品主要以玉佩类比较多，比如牌子、手把件、小挂件等。因为大师们的工费连年看涨，所以能淘到一件大师的作品，不仅要有一定的财力，还要看你的人缘和运气。

一般经营高端收藏类和田玉产品的经销商和一些实力雄厚的收藏家们，会经常光顾这里。

上海静安寺、老庙一带的市场，是一般中低档产品的淘宝地，当然还有很多其他的珠宝玉石类产品、手工艺品等，在这里相对比较集中。

❖ 江苏

江苏的扬州、苏州都是历史名城，在和田玉雕刻方面名声显赫，历史悠久。

扬州湾头一带集中了一大批玉雕厂，主要雕刻摆件类产品，比如山子、器皿等，也做一些小件的玉佩，比如牌子、小挂件之类的。

苏州的和田玉雕刻也是早已闻名遐迩，这些年由于一些少壮派中青年玉雕师的逐渐崛起，更是名声大振。苏州的项王弄、大师工作室林立，走在街上让人有种目眩的感觉。

苏州的玉雕作品主要以器皿，尤其是薄胎器皿为主，也有子料小挂件，一般工料俱佳，深受广大玉器爱好者喜爱。

扬州、苏州两地，既是玉器经销商拿货的好去处，也是收藏爱好者淘宝的好地方。

苏州项王弄新奥玉器古玩城

苏州项王弄市场

❖ 安徽

安徽桐城、蚌埠两地，在玉雕行业也是历史悠久，名家辈出。但这两个地方主要是以中低档玉雕饰品为主。在玉雕作品的做旧仿古方面尤为见长。尤其是蚌埠地区的仿古玉器，几乎可以以假乱真，在这里上当受骗的行家不在少数。

安徽蚌埠市场

安徽蚌埠仿古玉市场

❖ 广东

　　广东的揭阳，也是历史悠久的传统玉雕名城，多年来主要是以和田玉把件、小挂件为主，这里一直以来都是和田玉经销商们的理想拿货之处。但近几年来，翡翠价格疯涨，这里的高端翡翠饰品闻名业内，和田玉加工业似有衰落的势头。就拿那条白玉街来说，10多年了，几乎没有什么大的改观。

　　广州市长寿路荔湾广场一带的珠宝玉器城，是近几年新兴起的在全国数一数二的大市场，几年前还主要以宝石、翡翠等为主，近几年随着和田玉的价格一路看涨，在这个市场里经销和田玉的商户也越来越多，这里主要经销和田玉碧玉和白玉中低档成品。

广东揭阳白玉街

和田玉收藏、投资与选购

　　和田玉的收藏和投资应该是两个不同的话题，这两个范畴既有相同点，又有很多不同之处。但不管怎样，要想做和田玉的收藏和投资，首先要做的基础就是要懂得和田玉，就是要懂得和田玉的鉴定、分类、分级、鉴赏评价及与其他相似玉石的区别等，不懂得这些，其他的就无从谈起。

糖白玉观音挂件

糖白玉玉质温润细腻，油脂光泽。巧妙运用俏色，将白玉部分雕刻手持净水瓶的观音坐像，神态安详，端庄优雅；糖玉部分雕刻观音背后的佛光和莲花座。雕刻细致，工艺精湛。

青花玉手镯

此手镯的特点在于，运用俏色巧雕，白色部分雕刻花朵，花朵中间雕刻一只黑色蜘蛛，寓意喜从天降、八方来财。

✤ 和田玉的收藏

收藏和田玉要循序渐进，初入门者可选择一些比较常见的，价格较低的货品先练练手，待有一定的经验以后再逐渐往高里走，买一些价格较高的货品。

和田玉收藏误区

初学者容易走入的几个误区，在这里，笔者给大家做一个提醒。

1. 和田玉以白为贵，所以只要是白的就是好东西。

和田玉的颜色大致可以分为白色、青色、黄色、绿色、黑色、糖色六个色系，每一个色系中都会有好的品种可以收藏，它们之间没有什么可比性，但有一点是共同的，这就是，不管你收藏哪个品种的和田玉，都应当首先选择质地油润细腻的，其次再去考虑颜色。所谓质地油润细腻，就是玉质通体没有任何瑕疵，矿物结晶颗粒小、干净无杂质、没有绺裂等。这样的玉质近乎完美，在把玩过程中，你会随着时间的推移越来越喜欢。

看看每年的珠宝展、各种和田玉评奖，你就会发现金奖作品里，白色的玉种所占的比例也不是很高。一味地求白而不注重和田玉的质地好坏，是很多初入门者都走过的弯路，并为此缴了很多的"学费"。

和田玉（青玉）葫芦瓶
此青玉葫芦瓶于2008年获天工奖金奖，百花奖金奖。

2. 子料比山料好。

很多人认为子料经过千万年河水的冲刷、搬运，玉石中的杂质部分都已被磨损，留下的都是玉料的精华部分。这种观念完全是一种商业误导，是非常错误的！玉石在河流中被冲刷、碰撞，大自然是没有选择性的，首先被磨损的一定是玉石有棱角的部分，而不是杂质。在市场上看看有多少品质很差的子料原石你就会明白了。

子料的母体是山料，所以有什么样的好品质的子料，就会有什么样的好品

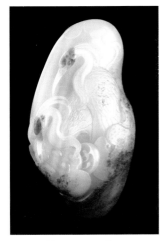

和田子料路路通把件

质的山料。历史上无论是传世的还是出土的和田玉玉器，山料出的精品比比皆是。很多初学者不顾玉石品质的好坏，只为"子料"二字花了不少的冤枉钱，等到明白时，才后悔莫及。

3. 过分追求产地。

和田玉的产地有很多，国内主要是新疆、青海格尔木、辽宁岫岩县等；国外主要是俄罗斯、韩国、加拿大、新西兰等。从和田玉的品种上来说，白玉主要产自中国新疆、青海格尔木、俄罗斯、韩国等地；碧玉则主要产自中国新疆、俄罗斯、加拿大、新西兰等地。

受商业销售者的误导，很多初学者都认为和田玉一定是新疆的好，更有甚者只认新疆和田出的白玉。收藏者中为了"新疆"二字花冤枉钱的人也不在少数。

其实随着玩玉的时间越来越长，很多人会发现，无论是中国新疆的还是俄罗斯的，都会有好坏之分；高品质的和田玉，是很难区分产地的。尤其是碧玉，俄罗斯产的品质相对要好得多。

和田玉（碧玉）太师少师摆件

4. 求多不求质。

所谓求多不求质，就是说很多收藏者只求数量不管质量。只要是和田玉，不管品质好坏、雕工好坏，只要价钱便宜就买，以多取胜。

多年以来，和田玉的价格节节攀升，但仔细分析一下和田玉涨价的因素你会发现，涨价的一定是品质好的。以青玉为例：青玉在和田玉中占的比例最大，一直以来价格也都是最低的，10年前的价格一般都是10～20元/千克，现在的价格最贵的可以卖到10000元/千克。但是细看市场你会发现，10～20元/千克的青玉在市场上依然存在，仔细比较这两个价格的原料你会发现，10000元/千克的青玉，质地非常细腻，油润性很好，这种原料出的作品，这几年在各种玉石展评会上屡屡获奖，便宜的料根本没法比。

5. 重皮不重质。

很多爱好者在玩玉时，尤其是在玩子料时，往往是只注重皮色，不看肉质。这种观点是极其错误的，不少爱好者为此付出了惨重的代价。

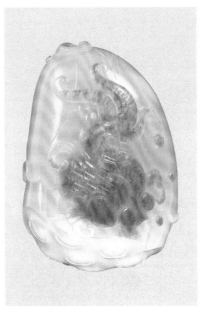

白玉金鱼挂件

白玉辈辈封侯挂件

首德次符，玩玉者首要选择的应该是玉质，不管是哪种颜色的和田玉，只要玉质好，质地细腻、油润，就一定是好玉；好的皮色只能是起到锦上添花的作用。只有皮色，没有玉质，那只能是"金玉其外败絮其中"，不值得收藏。

6. 重古不重今。

玩玉者分为两类，一类是玩老玉，也称之为古玉；一类是玩新玉，也称之为现代玉。

很多人认为老玉就比新玉好，这种观念其实有些片面。古玉一般都是帝王之玉，都是皇家使用，做工精良没的可说。但新玉种也不乏精品。

仔细分析，老玉做工虽精，但玉质好者却很少，这与古时玉料缺乏有关；现代玉雕者汲取了古人的技术精髓，随着雕刻技艺的发展而又有了很大的进步，站在了古人的肩上，应该说雕刻技艺更加纯熟，玉雕精品层出不穷。科技的进步，玉石开采量的增加，在玉料的选择和使用上更是游刃有余，所以现代玉质好、雕工好的作品应该是更多。

在这里，还要提醒初学者一点就是：真正的老玉，在市场上流通的寥寥无几，一般爱好者很难见得到。仿古玉倒是很流行，在市场上比比皆是。没有好的眼力，最好别去碰古玉。

7. 重料不重工。

只看玉质不管雕工，是很多爱好者易犯的错误。对于爱好原料收藏的朋友来说，只看玉质无可厚非，说美玉不琢，大美无形，也不无道理；但对于爱好收藏成品的朋友来说，要收藏的作品是料、工俱佳者当然好，但不太好的玉石材料，经过玉雕大师的精心设计而成为一件传世精品的也不在少数。俗话说"玉不琢不成器"、"三分料七分工"就是这个道理。

糖青白玉蟾蜍雕件

和田玉收藏注意点

对于初学者来说，除了要避免犯以上几点错误之外，还要注意以下几点。

1．要虚心、要谨慎。

要虚心，就是初学者对不好把握的东西，一定要多看书学习，多转市场，要多向行家请教，也就是常说的请行家给"长眼"。这里所说的行家，最好是跟买卖双方都没有利益关系，不然很容易给你错误的建议。

要谨慎，就是初学者在购买时一定不能冲动，切记"冲动是魔鬼"。要有好的心理素质，多看多问，谨慎出手。不要轻易听信旁人的蛊惑，一时冲动，买后后悔。

2．要循序渐进。

初学玉者，要有耐心，循序渐进，不可急躁。学会看玉，要看书学理论，更要多转市场学经验，这是一个较长的过程，想寄希望听两个讲座、上两堂课就学会了，那你除了多缴学费以外，不会再有其他结果。

另外，玩玉切忌一知半解，不懂就是不懂，不丢人；不懂装懂，上当受骗才是真的丢人。大多数上当受骗者都是似懂非懂、一知半解之人，业内称之为"生瓜蛋子"。

3．要相信自己的眼睛，不要相信别人的嘴。

这一点尤为重要，卖玉者往往都是口若悬河、引经据典，把一件作品说得是貌若天仙、物美价廉。这些往往都不可信，一定要凭自己的眼睛去看，根据自己的经验来买。要知道，你花的可是自己的钱。

4．要有目标，量力而行。

和田玉的品种很多，如果一味地求多，样样都收，恐怕是杂而乱，且花钱多浪费大。

收藏和田玉，可以根据自己的财力，制定合理的目标，量力而行。一般来说，如果是收藏原料，大多数人都是以收藏白玉子料为

青玉连连见喜雕件

主，大小可以根据自己的财力来决定；其他玉石品种里，子料也很多，品质好的，有特点的，也可以适当收藏一些。

收藏子料最大的忌讳就是不要买到"假货"，这里所谓的"假货"主要是指用山料经过人工方法加工而成的子料，也就是俗话说的"磨光子"。

分类收藏和田玉

如果是收藏成品，则要根据自己的实际情况，分类收藏是最好。根据作品雕刻形状可以将和田玉的作品分为以下几大类。

1.器皿类

器皿类属于和田玉传统题材，以炉、瓶、壶、碗、盘等为主。这一类作品对材料比较挑剔，一定要比较干净、块大、完整的玉料才可以；一般好的玉料，玉雕师傅都会首选做器皿类产品，该类产品对工艺要求也比较高，制作难度较大，耗费时间也比较长。相对来说这一类的作品收藏价值也比较高，收藏者需要有一定的经济实力。和田玉器皿类题材是高端收藏者的首选。

青玉壶、杯（一套）

2.人物类

人物类作品，一般都是佛教题材的较多，比如观音、佛、罗汉等，也是大众较为喜欢的题材；对玉料的要求相对要苛刻一些，瑕疵多、颜色不好的玉料一般都不适合做人物。因为国人心中的佛教情节，一般来说很多收藏爱好者都会请一座观音、佛之类的摆件，以保平安。

3.山子类

丁安徽·白玉观音坐像

山子类作品题材相对比较广泛，山水风景、古诗典故、亭台楼阁等，山子类作品讲究的是意境美，就像一幅山水画，远山近景。这类作品对玉料的要求不是太高，有些绺裂、杂质的材料，在雕刻过程中，玉雕师傅一般都可以用不同的方法避开或者遮掉。这类作品在摆件类中占的比例相对较多，制作工艺，技法比起器皿类也要相对简单些，因此价格也相对便宜些，是收藏爱好者比较喜欢的一类作品。

丁安徽·白玉巧雕山子

4.动植物类

动植物类作品主要是瑞兽、花鸟、花卉之类的题材，也是比较常见的传统玉雕题材，对玉料的选择要求相对不是很苛刻。因为每种题材都会有不同的美好寓意，所以深受玉器收藏者喜爱。

5.文房用具

文房用具主要是笔、砚台、镇纸、水洗、笔架等，有文房四宝、文房八宝、文房十三宝之说。这一类作品主要为书画类专业人士所收藏，一般爱好者很少涉足。

白玉巧雕蜥蜴、蜘蛛、玉米

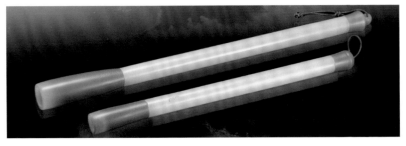

青玉白玉笔管

6.盆景类

盆景类的作品相对较少，一般都是拿几种不同的玉石组合起来的，在市场上比较少见，收藏这方面的人也不是很多。

玉梅花盆景

7.首饰类

首饰类玉器是20世纪90年代以后兴起的，这几年来市场比较火爆。从收藏的角度来说，常见的品种有手把件、挂件、牌子、手镯等，尤其是手把件，题材丰富，又比较适合携带，在手中把玩，收藏者甚众；玉牌类的雕件，大小合适、佩戴起来舒适大方，又显得典雅高贵，也深受收藏者喜爱。

金银错青玉佛珠

8.其他

玉雕的传统题材还是比较丰富的，除了上述几类之外，还有其他很多写实性的玉雕作品，比如民俗、风土人情、庆典纪念品等，但这些作品大多都是少数特殊需要的人群收藏，对一般大众爱好者来说可能不是很感兴趣。

玉雕作品种类繁多，题材丰富，收藏者可以根据自己的爱好、经济实力等综合考虑，选取其中一个或几个种类收藏就好，而且收藏要做到有进有出，以藏养藏。

白玉子料三娘教子插屏

❖ 和田玉的投资

　　和田玉文化距今有近八千年的历史，古今中外闻名的"丝绸之路"，其前身是"玉石之路"。从石器时代开始到现代，玉石走过了从巫玉－神玉－民玉的过程，同时也走过了石器－石玉混用－真玉（和田玉）这样一个过程。因此，和田玉的历史文化价值也是伴随着中华民族几千年的文化信仰历史不断发展而发展壮大的。

　　"乱世黄金盛世玉"是人类社会几千年发展的智慧结晶，是人类共识的价值观，也更进一步证明了和田玉具有了金融资本投资的属性。就目前社会发展来看，由于和田玉的物质资本、历史文化资本和艺术资本在日益成熟的市场经济条件下不断得到了金融市场的认可，进而会逐步加速得到金融资本的最终认可。

　　和田玉的珍贵，一是在于它的稀缺性和不可再生性，从投资的角度来考虑，并不是所有的和田玉都适合；二是要根据和田玉的稀缺程度和品质好坏来做出选择。

碧玉瓶

　　和田玉按颜色分成白玉、青白玉、青玉、黄玉、碧玉、墨玉、糖玉等几大类，还有许多处于上述品种之间的过渡类型。

　　从投资的角度考虑，应该是首选白玉，其次是黄玉、碧玉、墨玉，再次就是青玉、青白玉。从整个玉石原料产出的情况来看，白玉占总量的10%左右，青玉要占到50%以上。从玩玉的传统来看，喜欢白玉的人要比喜欢其他玉种的人多得多。

　　玉石原料根据品质好坏，又可分为一等、二等、三等，作为投资首选，就不用再多说了。在这里要说明的是，玉石原料的这种分类，没有种类之别，每一个品种都有好料，但价格都不便宜。

在传统习惯上，根据产出状态分为子料、山料、山流水料、戈壁料。这种分类现实交易中很流行，很多藏家也都是按照这种分类来收藏玉料。但是这种分类还是存在一些不合理之处。比如子料，根据颜色又可分为白玉、青白玉、青玉、黄玉、碧玉、墨玉、糖白玉等，投资首选一定还是白玉子料。子料、山料、山流水料、戈壁料之间也不存在可比性，也没有好坏之别。作为投资来说，首先要考虑的还是玉料的品质。

玉雕作品的投资比原料来说要复杂得多，投资玉雕作品既要考虑玉石品质的因素，还要考虑到雕工的好坏，再就是要看是哪位大师的作品。俗话说"三分料七分工"，一件作品的好坏跟大师的创意设计、雕刻工艺有着直接的关系。不同的作品类型，对玉雕工艺的要求也多有不同，作为投资者来说，对这些都要很好地掌握。

最后要提醒的一点就是，投资和田玉要理性，不能盲目跟风，人云亦云。投资什么产品，都需要有一个理性的判断，要慎重！借用一句股票里常用的话：和田玉有风险，投资需谨慎！

1 白玉人生如意摆件
2 羊脂白玉弥勒佛坠

❖ 和田玉成品的选购

在市场上，我们看到的更多的是和田玉雕刻的各种成品，如器皿、人物摆件、动植物摆件、山子，以及各种首饰品和小把件……面对琳琅满目的和田玉成品时，我们该如何去挑选呢？在结合前文中介绍的鉴定方法、评价方式、收藏投资注意点之外，还要根据自己的需求，根据不同类型的成品，综合考虑。

器皿类

这类和田玉成品主要有壶、碗、罐、瓶、鼎、炉、薰、爵等。在选购这类作品时应该注意以下几个方面。

1. 用料干净，无明显脏绺，盖、身、足色调衔接顺畅，摆放平稳。

2. 各部位比例协调，外形稳重、规矩，均衡周正，膛足均匀，上下匀称，左右对称。顶纽、耳纽与器皿主体内容协调一致。

3. 梁、链、环大小应适当、匀称、规矩。

4. 子口严密，盒子类器皿外线条挺括。

5. 浮雕、镂雕纹饰得体清晰，转折顺畅，叠挖细致，纹底平顺，边齐底净。

6. 镂空眼地干净利落，棱角清晰。

器皿类

这种素活，玉质要细腻，颜色要均匀，就是俗称的一口气的料。器型对称性要好，底、足、身、盖、提梁比例要适当。做工要精细，壶盖卡口要合适，不能松动，不能认方向。壶身厚薄要均匀。线条自然流畅。抛光要到位，不能留死角。壶底四角要平，放置平稳。

人物类

人物类的和田玉成品有观音、佛、罗汉、童子、仕女等。这类作品有摆件，也有把件、吊坠等，在这里针对题材来讲，具体在选购当中，再综合看。

1. 人物造型应具有时代特征，人体形态美观，结构比例合理，动态形体自然生动，张弛有度，体现风骨。组合人物布局合理、主体突出、呼应传神，富有生活情趣，意境感人。

2. 头脸表现合乎男、女、老、中、青、少、幼等特征，应按不同人物身份、动态、情节进行创作，表情刻画生动细腻。

3. 手形结构应勾画出人物特征，手持物配置恰当。

4. 服饰衣纹要随身合体，体现厚薄软硬质感，线条流畅表达清楚，翻转折叠自如。仕女脸型、手型、饰物和飘带等应秀美、纤细、逼真和飘洒自然。

5. 陪衬物要和人物紧凑协调，使主题内容更加充实而突出，避免喧宾夺主。

6. 人物雕琢体量空间富有变化，线、面体现力度，大小部位镂空利落，琢制干净细腻。

动物类

动物类的和田玉成品，以寓意美好、吉祥、福寿等的瑞兽较为常见，例如貔貅、龙凤、大象、鸳鸯、三阳开泰、马上封侯、十二生肖等。此类

人物类

人物的头、身、手、腿、配饰比例要恰当，尤其是观音，最讲究开脸，面相要慈祥、端庄，双目微闭，头部微微前倾，体形微胖，手持净水瓶或如意、或佛尘，端坐莲花宝座。

动物类

生活中常见的动物，既要形似也要神似，静中有动，趣味横生，要应景。

作品一般有摆件、把件和吊坠等。收藏者在选购时应该注意的地方有以下四方面。

1. 结构准确，造型生动传神，动态变化逼真，肌肉、骨骼比例合乎解剖结构。五官形象和立、卧、行、奔、跃、抓、挠、蹬等各种姿态应符合运动特点和生活习性。

2. "对兽"要规矩，对称，左右呼应，颜色基本一致；成套动物造型，应按构思立意配套琢制。

3. 变形动物造型，应按料形进行夸张，变形适度，强调形似、神似，又应注意动态的合理性。仿古动物造型和纹饰体现年代特征。

4. 特征刻画准确，比例恰当。四肢肌肉饱满有力；角、发须弯曲自然富有力度，与整体协调统一。细部装饰、鬃毛勾彻要深浅一致，不断不乱，根根到底，顺畅有序，自然细腻，体现毛发质感。

花草植物类

此类和田玉成品，也是以寓意美好、吉祥的植物作品常见，例如白菜寓意百财、莲花寓意清廉高洁、石榴寓意多子多福等。此类作品一般有摆件、把件和吊坠等。收藏者在选购时应该注意的地方有以下五点。

1. 整体构图丰满、美观、生动、真实、新颖，主次搭配，重点突出，应反映出自然情境的艺术效果。

花草植物类

花草植物类要美观、真实，搭配得当，比例协调，要雕刻得形神兼备。

2. 花头丰满，花瓣归心，枝叶茂盛，布局得当；花瓣花叶翻转折叠自然、草木藤本、老嫩枝区分清楚，符合生长规律。

3. 花卉瓶瓶体美观、别致、大方、规矩，子口严密，身盖颜色一致，其造型与花卉的内容相统一。

4. 陪衬物真实自然，虫草、小鸟、动物等动态栩栩如生，呼应传神。

5. 花卉各部位雕琢层次清楚，不懈不乱，富有力度。

虫鸟类

此类和田玉成品，以寓意美好的蝉、喜鹊、鹌鹑、天鹅等常见。收藏者在选购时应该注意查看以下几方面。

1. 造型准确，特征明显，形态动作生动活泼、呼应传神，体现出动态、神态、势态。

2. 整体布局合理，主次分明，陪衬物安排得体。

3. "对鸟"高低大小和颜色基本相同，对称呼应。

4. 各部位比例准确，应达到张嘴、悬舌、透爪。羽毛勾彻均匀，大面平顺，小地利落。腿爪有力，真实美观。树干花草石景，穿插错落，富有层次，工艺细腻。

山子类

此类和田玉成品，题材主要源于古代的历史故事，山川、河流、树木、亭台、楼阁、小桥、老人、小孩等都会集中在一件作品上。收藏者在

虫鸟类

虫鸟和花草一般都是相互搭配，情景生动，搭配得当，大小比例要恰当。

山子类

山子用料不是很挑剔，但山子很讲究意境，远山近景，亭台楼阁，人物风景，搭配得当，透视比例关系要合适。

选购山子时，应该注意查看以下几方面。

1．运用玉石天然外形，根据质、色、皮进行整体构思，因料定材，因材施艺。做到形象安排布局合理，繁简得当，开合有序，主体突出，章法得宜。

2．内部虚实与外形协调统一，内景有层次，有意境，有生气。

3．人物与景物等各类造型的比例准确合理，形态自然，富有神韵与张力。

4．充分运用散点、焦点透视规律及远收近放的手法(即集中远景、扩大近景的手法)，形成丰富空间层次，使作品达到小中见大。

5．作品应具有浑朴、圆润的艺术风格及丰富的人文内涵，赋予故事情节，正反面内容要求统一。

6．可综合运用圆雕、深浅浮雕、镂空雕、线刻等多种工艺技法，按照整体造型的主次和视觉强度，确定造型的虚实和做工的繁简，以体现作品的韵味和意境。

插牌类

插牌类和田玉，题材丰富，收藏者在选购时，应该注意查看以下几方面。

1．选题、寓意、境界高雅，内涵丰富。

2．构图体现诗情画意，有故事情节，场面开阔，诗、书、画、印结合，纹饰设计以妙取胜。

3．造型规整，层次透视关系准确，点缀适度，繁简相宜。牌头牌面方中寓圆，富有古雅之气。

4．刀法张弛有度，用线精到，曲线圆润，直线劲挺，地子平滑，浅刻刀笔顺畅，一丝不苟。

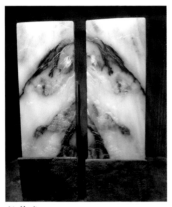

插牌类

插牌类用料考究，要求材料干净细腻，无杂质绺裂等，牌型要规矩，长宽比例适当，题材内容很丰富，人物、动物、花鸟虫草，山水楼阁尽在方寸之间有所表现。

首饰类

此类和田玉成品数量较多，各
种吊坠、挂件、手串、手镯等均囊
括在内，其形状大小也都有很大的
差异，这里不一一细说，掌握其中

和田玉子料镶嵌手链

的要点即可触类旁通。收藏者在选购和田玉首饰时，应该注意查看以
下几方面。

1. 不同品类的造型与玉料形、质、色完美结合，选料用料亮色，
素面饰品更应注重保色、保重，充分显现原料的质感。

2. 构思立意讲究自然完美，符合人们意愿和美感要求。

3. 饰件整体外形饱满美观，形体要端正、内敛，无伤害肌肤的尖
角和锐边。

4. 正反面雕琢风格统一，繁简得
宜，结构严谨，曲线圆转流畅，直线
均匀规整，雕工精细。

把玩类

和田玉把件也是一个大门类，题
材范围很广，人物、动物、植物等都
在其内，所以收藏者在选购时，要根
据前面讲到的各门类的检查要点，综
合运用，融会贯通。此外，还应该注
意查看以下几方面。

和田玉把件

1. 随形把玩应强调因材施艺，以形定意，随形雕琢。

2. 题材、造型体现圆润浑厚的艺术特点，无尖角和锐边。

3. 运用圆雕、浮雕、线刻等手法，体现线条的力度和形体的张力。

4. 雕琢精致细腻严谨，讲究点、线、面自然完美结合，线面处理
交代清楚，层次清晰，立体感强，线条不乱，刀法劲挺。

和田玉淘宝实例

关于和田玉的市场行情、集散地和淘宝地，以及如何收藏、投资、选购和田玉等内容已经介绍得比较详细了。这里，为了让大家了解淘和田玉存在的风险，笔者特地举两个实例，希望大家在实践中要谨慎，要时刻保持头脑清醒。

❖ 和田子料赌石风险大

有一位很有经验的顾客花了100万元买了一块和田玉子料原料，从外观上看皮色、肉质都非常好。在购买之前，他虽然发现这块子料表皮上有些礓点，但根据自己的经验判断，礓点只是在浅表皮。结果，打开一看，礓点在内不开花，整块料几乎没有什么利用价值，100万元的成本，最后连一半成本都没法收回来。

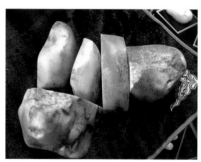

肉质比较细腻，但皮上有礓点

皮上的礓点

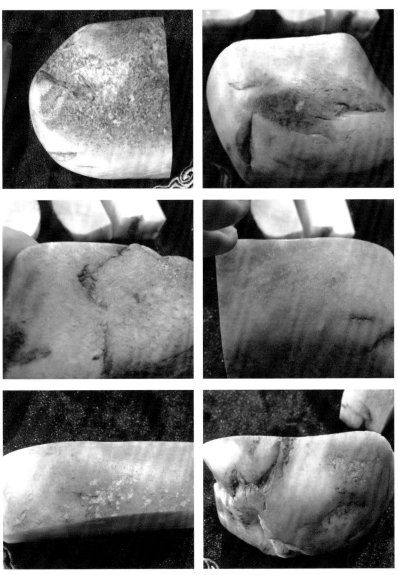

这块和田玉子料原料，从外表上看，皮色还真是不错，质地也细腻，但确实有些礓点。

　　这个实例告诉我们，一旦发现有可疑的地方，最好是找一个鉴定师来把把关，尤其是在购买价格较高的和田玉时更要谨慎一点。

这块和田玉子料原料切开看，礓点已经渗入到肉里，利用的价值已不太大。

这一小部分玉料还可以做些小件东西。

❖ 行家买和田子料也有"失手"的时候

　　一位行家花了5万元买了一块和田玉子料。从外观上看，这块子料很温润，颜色也很漂亮，没想到打开里面全是杂质。他本来打算通过雕刻挽救，但最终还是失败了。

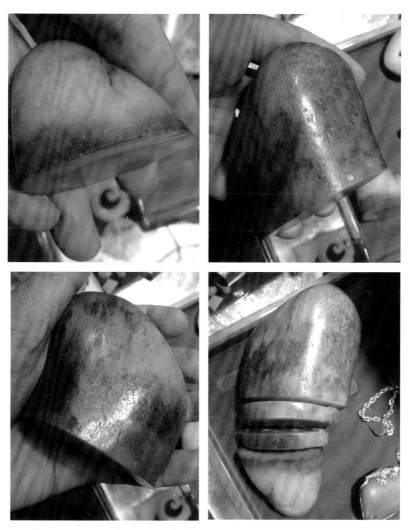

这块料已经切开，从外观各角度来看，玉质很细腻，很温润，颜色也很漂亮。

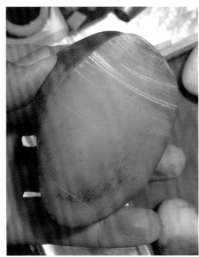

切开后发现里面基本全是杂质。

雕刻师虽然充分考虑到了子料里的黑褐色脏点杂质，把它雕刻成空心的莲藕，但效果还是不理想，无法遮盖子料的黑褐色脏点。

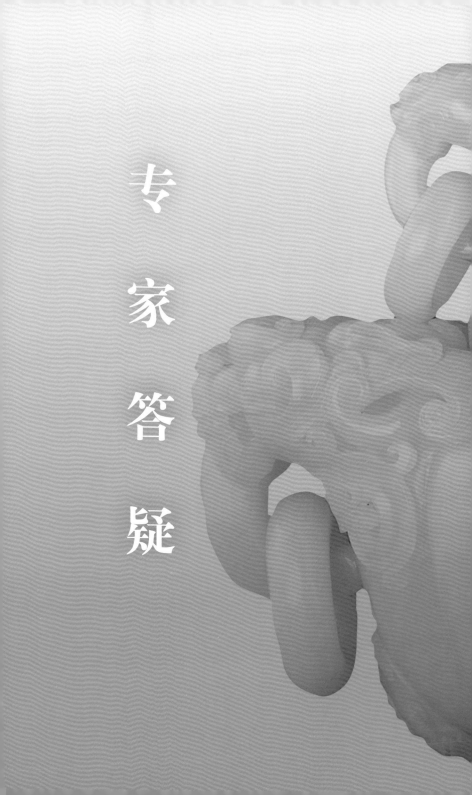

专家答疑

什么是玉？

国家标准GB/T16552《珠宝玉石名称》给出了天然玉石的定义，即由自然界产出的，具有美观、耐久、稀少性和工艺价值的矿物集合体，少数为非晶质体。其实玉是石，但石不是玉。玉这个名称只能说是一个范畴，而不是代表具体的某种玉石。

玉的种类很多，按名称来分有翡翠、和田玉、岫玉、玛瑙、田黄等。生活中有很多人认为能够划得动玻璃才是真玉，其实不然。玻璃的摩氏硬度一般在5左右，硬度大于玻璃的玉有翡翠、和田玉、玛瑙；硬度小于玻璃的玉有寿山石、田黄、鸡血石等；所以不懂玉材质的时候，你得到了一款玉后千万别用玻璃乱划，否则很可能造成玉器的损坏。

加拿大和田玉雕件

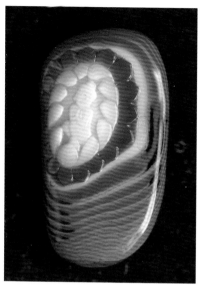

丁安徽·玛瑙释迦牟尼出世把件

田黄指日高升摆件

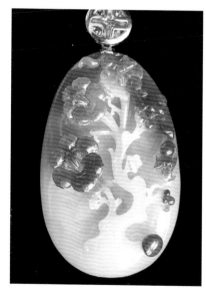

丁安徽·翡翠合家欢吊坠

巴林鸡血石八仙坐骑摆件

什么是和田玉?

　　和田玉矿物名称又叫软玉,其化学通式为$Ca_2(Mg,Fe)_5Si_8O_{22}(OH)_2$,主要矿物为透闪石和阳起石,折射率通常为1.60~1.61(点测法),密度一般为2.95克/厘米^{3}左右。摩氏硬度为6.0~6.5。

　　和田玉是以透闪石、阳起石为主要矿物的玉石。国家标准GB/T16552-2010《珠宝玉石名称》4.1.1.2.C中规定"带有地名的天然玉石基本名称,不具有产地含义",在新疆维吾尔自治区地方标准DB65/035-2010《和田玉》4.2.2中规定"和田玉作为一种天然玉石的名称,不具有产地含义",所以世界各地产出的透闪石类玉石鉴定机构均可出具和田玉的证书。

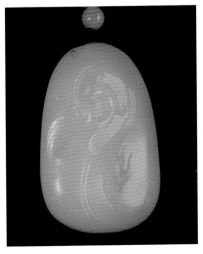
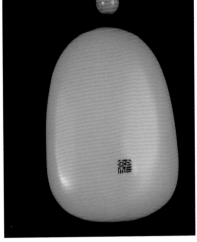

白玉凤纹坠(正背)

如何挑选购买和田玉?

　　不管你挑选什么颜色的和田玉，都会有好的东西，它们之间没有可比性，但是，首先应该选择质地油润细腻的，然后才是颜色；在观察和田玉颜色的时候应该是在自然光下观察，因为灯光会对和田玉产生增色的效果，如白色的和田玉在越白的灯光下就越白，拿出来一看完全不是那个白度。

　　不要盲目迷信子料，别只为"子料"二字花冤枉钱，山料比子料好的饰品多得是，再者买到假子料岂不损失惨重。即使是真的子料也不要只看皮色，最主要的还是要看玉质是否细腻油润；任何和田玉饰

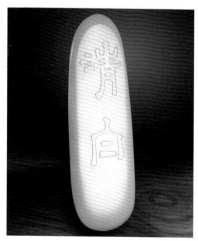

白玉子料清白把件（正背）

碧玉麻姑献寿图插屏（屏心）

品除了颜色、玉质外，还要看雕工，这就应了那句俗话"玉不雕不成器"、"三分料七分工"。

不要过分追求产地，有些人只买新疆和田玉，那是不正确的，和田玉产地很多，中国新疆有产出，中国其他省市也有产出，而且外国也有产出，哪里的品质都有好坏，俄罗斯的碧玉相对就好很多。

以上不仅是挑选购买和田玉时要注意的要点，也是收藏爱好者注意的要点。

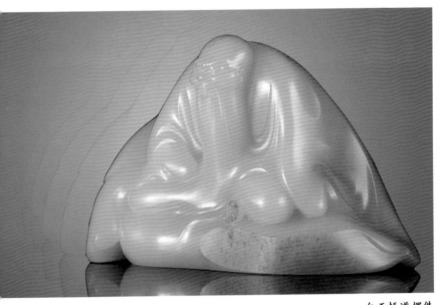

白玉悟道摆件

和田玉的产地都有哪些?

市场上销售的和田玉主要产地来源有中国的新疆、青海、辽宁，国外的主要产地有俄罗斯、韩国、加拿大、新西兰等国家。但是出产广义和田玉的国家和地区在全世界很多，除了前面提到的产地，中国还有四川、江西、西藏等地；国外的有日本、缅甸、德国、法国、美国、意大利、芬兰、波兰、澳大利亚、巴西等。

丁安徽·白玉关公赤兔把件

本件作品所采用的和田玉（白玉）色白而油润，玉质细腻光洁。作品题材新颖，关云长抒须而立，赤兔倚在关公身边，一人一马静静远望，作品无言，其中意蕴却苍凉深远。

和田玉的名字由来?

自古以来中国就有按出产地来给玉石命名的传统,和田玉,顾名思义产自于新疆和田地区的玉。为什么要给和田玉取这个名字,而不是叫且末、若羌?因为和田玉龙喀什河河床是历史上和田玉最著名的产地,和田玉所经历的玉龙喀什河河床是最长的,和田玉在这里滚的时间也最长,产出的和田玉也是最好的。

古时和田地区也被称为于阗或于阗国,因此和田玉在以前也被称为于阗玉,只是现在这个叫法比较少用。和田玉的称谓很多,除"和田玉"外,还有"软玉"、"角闪石"、"透闪石玉"、"昆山玉"、"昆仑玉"、"于田玉"、"真玉"、"白玉"等。

青玉泛舟山子

山子主题为泛舟赤壁,指点江山。作品采用青玉雕刻,玉质细腻。巧妙采用俏色技术,色泽深绿处如湖中碧水,褐皮部分则如夜幕流云和密枝梧桐,动感十足。亭台楼阁错落有致,诗人遥指远山,形态细腻,将夜晚诗人与友人泛舟赤壁湖上的风景情趣生动地表现出来。

雕刻加工时子料皮子留还是不留？

　　近几年，子料留皮差不多已经是必然的了。但是，古人做玉是不管山料还是子料都是不会留皮的。为啥今人非要留皮呢？其实无非是经济原因，物以稀为贵，子料价格自然要昂贵很多了。皮子是辨别子料唯一可靠的依据。所以也就自然地形成了给子料留个身份证（皮）的习惯。而大家对玉的审美也慢慢变化，"美皮"已经成为和田玉最重要的"美"之一了。所以，留皮，起初出于经济考虑，而后升华至审美考虑。

　　留皮已经是很当然的事情了，但是现实中还是会有不留皮的子料的。为什么不留皮？一是，节约加工抛光成本。玉雕刻完成后是要打

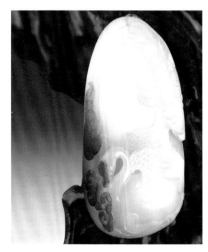

白玉子料我如意把件（留皮）

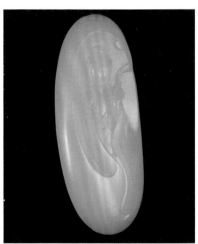

白玉子料观音吊坠（不留皮）

磨抛光，只有手工打磨才能留下毛孔，而机器抛光是全自动全身打磨，皮子也会被磨掉。二是，留不住皮。大的料子开了几个手镯，中间的镯芯留不下皮子。三是，根本不是子料。

白玉戏水牌（留皮）

没皮的子料能鉴定吗?

　　具有丰富经验的专业人士也许能够辨认，主要是看去皮的子料是否存在汗毛孔。真正的子料你就是把皮扒完褪尽，汗毛孔也在，因为子料的毛孔不是仅在外表，而是入肉很深的。还有就是看料子上面有没有沁色或者包浆之类的现象，因为皮色去掉了，但是因皮色导致的一些沁色有时还是存在的。但是，对于墨玉来说，没有皮子的子料根本就无法辨认，俗语说得好，"子料去了皮，神仙也难认"。

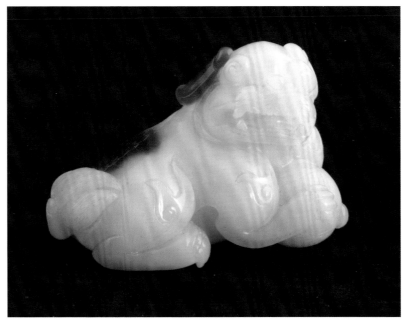

丁安徽·羊脂白玉狮子手把件（留皮）

和田玉是翡翠吗?

　　和田玉和翡翠都是玉石中的王者,但是和田玉不是翡翠。翡翠的主要产地是缅甸,矿物名称是"硬玉"。和田玉的主要产地是新疆、青海、俄罗斯等地,矿物名称是"软玉"。虽然和田玉是"软玉",但实际上和田玉一点儿也不软,与翡翠有着相同的硬度。

　　翡翠重在看颜色和透明度上,和田玉重在看颜色、种质的细腻和油润度上;翡翠的透明度从不透明到透明,而和田玉基本上是不透明到半透明。

丁安徽·翡翠喜上眉梢把件

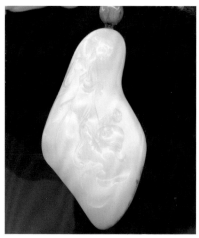

羊脂白玉三娘教子把件

　　最初萌发要写作一本关于和田玉鉴定鉴赏方面的图书，是在2013年下半年。在朋友们的鼓励和帮助下，我认真总结了十几年来宝石鉴定、科研、教学等工作经验，深入分析了和田玉在鉴定和研究中的最新资料。最后，我与新疆维吾尔自治区产品质量监督检验研究院教授级高级工程师李新岭先生共同执笔完成了《和田玉鉴定与选购从新手到行家》一书的写作。

　　在编写过程中，我和李新岭先生各有分工，并且发挥了各自平时致力的重点：李新岭先生在新疆，对和田玉的市场、集散地、收藏投资等方面的研究更有优势，了解也更深入，因此本书中"淘宝实战篇"由李新岭先生写作；书中的"序言""基础入门篇""鉴定技巧篇""专家答疑篇"则由我来写作。同时，在写作"鉴定技巧篇"中的"和田玉子料鉴别"和"假子料的鉴定"章节的技术材料文字内容时，得到了国土资源部珠宝玉石首饰管理中心北京研究所的大力支持。书中的大部分图片均由中国玉雕大师樊军民先生、新疆和田玉信息联盟商会秘书长、高级玉器鉴赏师王建生先生，以及中国玉雕大师丁安徽先生提供。在此，我们表示衷心的感谢。

　　此书的初稿形成之后，我又吸取了很多业内人士的意见和建议，尤其是李新岭先生为此书提出了很多非常宝贵的意见，最终本书得以出版。在此，非常感谢朋友和同人的支持和帮助。

　　我们在编写过程中，一直努力遵循着书中的内容必须具备知识性、准确性、真实性、鉴赏性以及可读性和实用性的原则，但在实际写作过程中也难免顾此失彼，难免会有些片面和不足之处，诚望广大读者和同人予以斧正。

马永旺

2015年4月8日

内容简介

本书分为基础入门、鉴定技巧、淘宝实战、专家答疑四个部分,由浅入深,层层递进,为您介绍和田玉的概念、产地、种类、雕刻、鉴定方法、优化处理、价值评估,以及市场行情、淘宝地、收藏与投资等各方面的内容,并通过实例分享、专家答疑,将书本知识与实践知识相结合,让您进一步提升自己的实战能力。本书将一步步带领您轻松进入和田玉收藏大门,并进一步由新手练成行家!

本书注重实用性,语言简洁、图片丰富、配图准确,不仅有精品高清图、真伪对照图,还有局部显微图,让您看着不枯燥,一看就懂!

作者简介

马永旺

1974年12月生,北京大兴人。1996年7月毕业于中国地质大学(北京)珠宝学院,之后一直任职于国家珠宝玉石质量监督检验中心。1999年1月获得NGTC钻石分级、彩色宝石鉴定证书,2000年7月获得国家珠宝玉石质量检验师资格(CGC),2003年11月获得比利时HRD中级及高级钻石分级师资格。2004年4月负责编写GB/T16553-2003《珠宝玉石 鉴定》释义工作。目前任国家珠宝玉石质量监督检验中心上海实验室主任。

李新岭

地质教授级高级工程师、国家珠宝玉石标准化委员会委员,国家珠宝玉石鉴定专业委员会委员,国家贵金属首饰标准化委员会委员。目前任职于新疆维吾尔自治区产品质量监督检验研究院,从事珠宝玉石,主要是和田玉产品的鉴定工作。此外,还负责《和田玉实物标准样品》和相关国家标准的研究制定工作。

图书在版编目（CIP）数据

　　和田玉鉴定与选购从新手到行家 / 马永旺，李新岭著. — 北京 :
化发展出版社有限公司，2015.8（2025.1重印）
　　ISBN 978-7-5142-1187-0

　　Ⅰ．①和… Ⅱ．①马… ②李… Ⅲ．①玉石－鉴赏－和田县②玉石
－选购－和田县 Ⅳ．①TS933.21

　　中国版本图书馆CIP数据核字(2015)第092680号

和田玉鉴定与选购从新手到行家

著　　　者：马永旺　李新岭
责任编辑：周　蕾
责任校对：郭　平
责任印制：杨　骏
排版设计：北京水长流文化
图片提供：樊军民　王建生　丁安徽

出版发行：文化发展出版社（北京市翠微路2号　邮编：100036）
网　　　址：www.wenhuafazhan.com
经　　　销：全国新华书店
印　　　刷：唐山楠萍印务有限公司
开　　　本：889mm×1194mm　　　1/32
字　　　数：200千字
印　　　张：6
印　　　次：2015年8月第1版　2025年1月第13次印刷
定　　　价：68.20元
ＩＳＢＮ：978-7-5142-1187-0

如发现任何质量问题请与我社发行部联系。发行部电话：010-88275720